ANTHROPOLOGIE

MÉMOIRE

SUR

L'UNITÉ DE SPÉCIALITÉ

DES ESPÈCES HUMAINES

ET EN PARTICULIER SUR

LA CONCORDANCE DES VUES DES PHYSIOLOGISTES

RELATIVES

A L'ÉTAT D'UNITÉ ET DE PLURALITÉ

DE CES ESPÈCES

Par J.-E. CORNAY,

Docteur en médecine de la Faculté de Paris, médecin du XIe bureau de bienfaisance de Paris
et de l'assistance publique à domicile;
Membre correspondant de la Société des sciences, arts et belles-lettres de Rochefort-sur-Mer
et de la Société des sciences naturelles de la Charente-Inférieure;
Membre correspondant étranger de l'Académie royale des sciences de Lisbonne, dans sa classe des sciences
mathématiques, physiques et naturelles ;
Membre correspondant étranger de l'Académie de Philadelphie;
Membre de l'Académie nationale agricole, etc., de Paris, et de plusieurs autres Sociétés savantes;
Membre de la Société impériale d'acclimatation;
Membre correspondant de la section d'histoire naturelle de la Société de Douai.

PARIS

J.-B. BAILLIÈRE ET FILS,

LIBRAIRES DE L'ACADÉMIE IMPÉRIALE DE MÉDECINE,

Rue Hautefeuille, 19.

8 DÉCEMBRE 1862

MÉMOIRE

SUR

L'UNITÉ DE SPÉCIALITÉ

DES ESPÈCES HUMAINES.

ANTHROPOLOGIE

—

MÉMOIRE

SUR

L'UNITÉ DE SPÉCIALITÉ

DES ESPÈCES HUMAINES

ET EN PARTICULIER SUR

LA CONCORDANCE DES VUES DES PHYSIOLOGISTES

RELATIVES

A L'ÉTAT D'UNITÉ ET DE PLURALITÉ

DE CES ESPÈCES

Par J.-E. CORNAY,

Docteur en médecine de la Faculté de Paris, médecin du XIe bureau de bienfaisance de Paris
et de l'assistance publique à domicile ;
Membre correspondant de la Société des sciences, arts et belles-lettres de Rochefort-sur-Mer
et de la Société des sciences naturelles de la Charente-Inférieure ;
Membre correspondant étranger de l'Académie royale des sciences de Lisbonne, dans sa classe des sciences
mathématiques, physiques et naturelles ;
Membre correspondant étranger de l'Académie de Philadelphie ;
Membre de l'Académie nationale agricole, etc., de Paris, et de plusieurs autres Sociétés savantes ;
Membre de la Société impériale d'acclimatation ;
Membre correspondant de la section d'histoire naturelle de la Société de Douai.

PARIS

J.-B. BAILLIÈRE ET FILS,

LIBRAIRES DE L'ACADÉMIE IMPÉRIALE DE MÉDECINE,

Rue Hautefeuille, 19.

—

8 DÉCEMBRE 1862

1863

AUX PHYSIOLOGISTES SINCÈRES.

—

Nous avons publié notre exposition de la loi divine d'harmonie, et ayant distribué notre livre à tous, nous pensons que les savants doivent être fixés à l'égard de la loi naturelle de la genèse ; le temps est donc venu de remplir ce que nous considérons comme un de nos plus grands devoirs particuliers.

C'est d'établir la concordance des vues plus ou moins vraies des personnes qui se sont vouées à la défense soit de l'idée *d'unité de l'espèce,* soit à celle *de la pluralité des espèces humaines.*

Nous disons que ces vues prennent, les unes et les autres, leur source intime dans la vérité des faits, et nous déclarons en conscience que, en même temps, les divers interprétateurs de la nature de l'homme ont tous eu à peu près raison et tous eu à peu près tort ; ils ont cru sincèrement retrouver la vérité physiologique complète dans leur manière de voir particulière.

Les uns ont placé l'unité où elle ne pouvait pas être ; les autres ne voyaient pas l'unité, mais la pluralité.

La dignité humaine, les traditions prises trop à la lettre ou observées trop religieusement, et, ce qui était commun, comme on le disait, au lieu de dire semblable dans les variétés humaines, ont été le mobile de ceux qui n'ont voulu admettre que l'unité de l'espèce humaine. Le fait matériel des différentes couleurs de la peau, et les autres propriétés physiques de différence dans les variétés de l'homme, ont attaché les autres à l'idée unique de pluralité d'espèces.

Enfin, d'autres encore, ne s'embarrassant ni d'unité ni de pluralité, s'adonnaient à l'étude des races humaines, comme s'il était possible de les définir sans que les questions préalables de l'unité ou de la pluralité de l'espèce ou des espèces humaines fussent résolues définitivement.

Tous ceux qui se sont occupés de ces questions

si difficiles ont été plus ou moins matérialistes sans s'en douter, car ils ne pouvaient pas se conformer à la loi naturelle et saisir l'esprit de cette loi qu'ils ne connaissaient pas encore. Voilà où nous en sommes. Nous nous confierons donc à la loi d'harmonie, qui débrouillera elle-même, par son esprit désintéressé, le vague des idées et nous fera connaître la vérité immuable sur ce sujet, dont la solution est si utile à notre grand ouvrage sur l'exposition générale de la genèse ; en sorte que la loi résoudra la question, l'homme, sans la loi, ne pouvant que trancher le nœud gordien.

Quoi qu'il en soit, c'est dans ce mémoire sur l'unité de spécialité des espèces humaines, que vont se montrer dans tout leur jour les bénéfices de nos résultats généraux : d'avoir rattaché la science au spiritualisme par l'esprit des lois naturelles, et aux mathématiques par les nombres !

En effet, ce travail sera la glorification de l'homme, *spirituel dans l'unité de spécialité humaine* provenant des nombres semblables, et, *animal dans la pluralité légale spécifique*, qui, elle, dépend des nombres de différence par les quantités de matériaux constituant chaque spécificité.

L'homme sera donc spiritualisé et légalisé par la loi. Nos découvertes de la loi de la genèse et de ce qu'est l'homme dans la nature fondent à jamais l'école française physiologique, car toute science des choses naturelles se déduit de ces deux faits primordiaux.

MÉMOIRE

SUR

L'UNITÉ DE SPÉCIALITÉ

DES ESPÈCES HUMAINES

ET EN PARTICULIER SUR

LA CONCORDANCE DES VUES DES PHYSIOLOGISTES

RELATIVES

A l'état d'Unité et de Pluralité de ces espèces.

———◄►———

Idée première de conciliation (1).

En admettant qu'un physiologiste éminent professant l'idée d'unité de l'espèce humaine, m'eût écrit les phrases suivantes :

Monsieur Cornay,

L'unité de l'homme existe réellement; les caractères physiques et moraux des variétés humaines nous le prouvent. Quoiqu'il soit possible qu'il y ait quelque chose à revoir, comme

____

(1) Nous n'avons trouvé aucun autre moyen de concilier les opinions si entières et si différentes des auteurs et de pouvoir nous

1.

vous le dites, sur le point où nous avons placé l'unité, il n'en est pas moins vrai que dans l'état actuel de la science nous ne pouvions placer l'unité de l'homme que dans l'espèce. Perfectionnez donc, si vous le pouvez, cette idée à laquelle nous tenons particulièrement, et si importante que l'amélioration de nos connaissances sur les races humaines en découle immédiatement. D'ailleurs qu'est-ce que l'homme?

Je lui répondrais .

Cher et digne professeur, j'ai découvert que l'homme individu est une spécialité avant d'être une espèce ; qu'il se spécialise avant de se spécifier; que les hommes sont en unité de spécialité et non en unité de spécificité.

J'ai découvert la seule unité physiologique, l'unité de spécialité des espèces humaines. Voilà ma thèse !

J. E. CORNAY.

Considérations générales.

C'est une chose bien remarquable que l'esprit des lois; un fait est-il découvert qu'il entraîne, dans plus ou moins de temps, d'une manière certaine, la découverte de tous les faits qui s'y rattachent. C'est ainsi que l'homme (1) est passé de l'ignorance de la vie primitive aux connaissances si nombreuses de la civilisation; il est né pauvre de savoir, il est devenu de plus en plus

expliquer franchement sur cette question si controversée, qu'en faisant ces quelques phrases préliminaires qui, on le voit, nous donnent la liberté de perfectionner l'idée d'unité de l'espèce humaine et d'étudier les questions qui s'y rattachent et cela sans blesser aucune susceptibilité.

(1) Quand nous disons l'homme, nous voulons dire les hommes; si nous disons sacré, nous voulons dire légal.

riche de science ; et c'est précisément cette faculté de grandir qui nous fait dire qu'il parviendra à des notions positives sur son essence, son intelligence et ses organismes ; il connaîtra *sa situation physique et morale :* n'est-il pas appelé à gouverner la terre qu'il habite et à régir, avec la justice naturelle, ses compagnons de fortune moins bien partagés, ainsi que les êtres nombreux, faibles ou forts, féroces ou timides, qui n'ont pour conduite que l'instinct, que quelques sentiments non raisonnés, et dont les existences lui sont confiées ?

Quel magnifique gouvernement que celui du globe terrestre sur lequel abondent les minéraux, les végétaux et les animaux les plus divers! Vertes plaines, immenses forêts, rivières fertiles, fleuves profonds, monts escarpés, déserts brûlants ; et vous, mers aux lointains horizons, vos splendeurs et vos fruits sont les richesses de l'homme qui a su vous parcourir, vous soumettre, vous aménager, et qui porte déjà ses sondages dans la paroi du monument grandiose qui vous soutient sans efforts !

L'homme veut approfondir les faits et les lois de la nature: il a raison, car ces renseignements lui servent à diriger sa conduite; d'ailleurs parfois les temps pressent aux causes finales et aux cataclysmes, qu'il pourrait peut-être alors éloigner et éviter. L'homme connaîtra tout! Il saura toutes choses sur ce qui est en dehors de lui et sur ce qui est en dedans de lui-même, à l'aide de la loi naturelle; si ce n'est pas par les savants de notre époque, ce sera par ceux qui nous suivront.

C'est un grand malheur pour le temps présent de ne pas connaître *les divers équilibres universels,* et en particulier, *les équilibres physiques et moraux de l'homme ;* l'humanité serait plus stable et plus heureuse !

On connaît beaucoup de faits, mais pas encore assez, et pour ceux que l'on a entrevus, on ne les connaît pas encore suffisamment.

C'est ainsi que l'on n'est pas d'accord, de nos jours, sur un point essentiel de philosophie, savoir : *sur l'unité et la pluralité de l'espèce humaine.*

Les uns disent qu'il ne peut y avoir qu'une espèce d'homme dans les variétés si différentes que l'on observe ; d'autres soutiennent qu'il existe plusieurs espèces humaines. Ce sujet a agité tous les siècles !

C'est une question politique et morale (1) tellement importante que la connaissance de l'homme et de celle de l'espèce ou des espèces d'où dérivent les races, que si l'on ne parvenait pas à la résoudre définitivement, la question seconde des races humaines ne pourrait pas recevoir de solution satisfaisante, le doute étant une mauvaise base en physiologie.

Pour préciser la question, nous dirons que les idées seront toujours partagées au sujet de l'unité d'espèce et de la pluralité d'espèces, si quelqu'un ne vient pas clore le débat par la science pure, c'est-à-dire par *l'intermédiaire de la loi naturelle.*

Il répugne à l'homme blanc de se croire *l'albinos du nègre !*

Il répugne à l'homme noir de se croire *le mélanos du blanc,* pour ne citer que les extrêmes. Aucune espèce humaine ne veut être dégénérée.

Le blanc et le nègre veulent *être égaux dans la genèse,*

---

(1) L'humanité attend beaucoup *de l'étude physiologique des véritables mœurs de l'homme* pour la réforme des lois quelles qu'elles soient.

en présence du principe qui les a créés ; *ils veulent être égaux dans la loi créatrice;* et ils le sont, comme nous le démontrerons plus loin.

Si le blanc était l'albinos du nègre, le nègre serait majeur et le premier. Si le nègre était le mélanos du blanc, le blanc serait majeur et le premier. On ne peut sortir de ce dilemme. La vérité est que, ni l'un ni l'autre ne se priment : *ils sont égaux dans la loi commune* (1).

La nature, dans l'esprit de la loi créatrice, a donné à chaque espèce des qualités particulières et une égalité sans limites.

Les couleurs diverses de l'homme et les autres propriétés physiques particulières à chaque espèce humaine, ne sont qu'une distinction sage et une marque de générosité : afin que l'homme en général ne soit pas placé comme *espèce animale* en dehors de la loi des proportions et des progressions ; les couleurs, les formes, les dispositions, particulières *ne sont que les hiéroglyphes de la loi.*

Ne fallait-il pas que toutes les idées fussent représentées dans la genèse et qu'il y eût complète exécution sous le rapport animal? Sans ce fait, l'homme l'eût déclarée lui-même inachevée, il se fût élevé contre l'esprit de son principe ; ainsi l'on voit combien la prévoyance à cet égard, a été grande, juste et spirituelle.

(1) Le blanc ou le nègre serait une dégénérescence, avec l'unité de l'espèce, tandis que le mulâtre, avec l'unité ou la pluralité, est un fils mitoyen. Dans les deux cas le mulâtre n'est pas une dégénérescence, il est équationnel, étant moitié blanc et moitié noir. Le mulâtre, avec l'unité de l'espèce, serait plus que l'un de ces ancêtres dégénérés, et par le fait il est cependant moins que l'espèce pure. C'est la plus grande faute de *l'homme de mêler son espèce à une autre espèce* et de ne pas rester dans la loi naturelle.

C'est toujours d'après une idée de cœur et de respect que l'on a discuté sur l'espèce ou sur les espèces humaines. Ceux qui disputent sur l'unité ou sur la pluralité ont sans cesse été guidés par une profonde et respectable conviction; il ne peut y avoir que des consciences en présence de l'humanité, dont l'esprit à son apogée révélera celui de son créateur!

On discute les intérêts de l'humanité avec feu, mais on ne doit cependant pas s'en vouloir réciproquement de la divergence des idées, qui tient souvent à la faiblesse individuelle de notre esprit humain philosophique. Tout homme est petit pris isolément; tout homme peut se tromper dans ses observations et dans ses jugements, par cela même on ne saurait lui en faire un crime, mais au contraire on doit respecter et éclairer sa conscience égarée.

La science a besoin même des idées de ceux qui se trompent, car les idées fausses sont un contrôle certain pour les idées justes et une base de progrès.

L'homme est né doué *d'un esprit philosophique*; on ne peut lui ôter ce caractère qui est une des marques de la *spécialité humaine.*

L'esprit philosophique est *perfectible*; tout le monde doit désirer que l'esprit philosophique individuel se perfectionne et qu'il arrive à l'apogée *de l'esprit humain ou esprit généralisé dans les lois* (1).

Si un puissant vous disait : « Ne pensez pas, » vous pourriez lui répondre : « Alors tu ne pourras plus penser, car tu ne seras qu'un polype ou plutôt qu'un être sensitif et instinctif. » Les idées des autres sont des stimulants pour la pen-

(1) Il est beaucoup d'hommes dont l'esprit philosophique s'échelonne sur la route de l'esprit humain absolu.

sée, et la divergence des opinions fait trouver la bonne au *dernier jour*, le *jour de la loi ! le jour du jugement !*

Quant à nous, nous étions convaincu et certain, connaissant la loi de la genèse, lorsque nous avons écrit, le 1er juillet 1850, p. 109 de notre *Morphologie humaine*, deuxième partie : « Nous, voici ce que nous disons : *l'unité des espèces humaines*, etc. »

Maintenant que nos travaux sur la loi naturelle sont publiés, nous pouvons tout dire, tout expliquer, et démontrer la concordance des idées d'unité et de pluralité des espèces humaines.

Seulement, qu'on le sache bien, dans cette haute, difficile et utile question de physiologie générale et d'anthropologie, nous n'avons nullement l'idée de primer les autres physiologistes dont nous admirons les efforts.

Nous respectons les thèses : c'est un devoir reconnu parmi les hommes qui s'occupent de science; nous nous y conformons.

L'appréciation sage et bienveillante est la justice à laquelle tout homme de bien doit se prêter ; un fait supérieur, la vérité, devant dominer les idées de chacun dans l'intérêt de la dignité de tous et de la prospérité de l'école française.

La concordance que nous allons établir est destinée à démontrer *l'égalité des espèces humaines dans la spiritualité de la loi créatrice.*

Arrière le méthodisme! dirons-nous, pour l'entrain de notre thèse. *C'est une nouvelle ère que de vivre et que d'envisager la vie dans la liberté de l'esprit des lois de la nature et de Dieu.*

Quel fut successivement l'homme aux yeux de l'homme depuis les temps anciens jusqu'à nous.

En recherchant dans les traces du passé les diverses manières sous lesquelles l'homme a été considéré jusqu'à présent, nous devrons tenir compte, non-seulement des traditions, mais surtout des différentes appréciations de nos prédécesseurs ; nous esquisserons donc à grands traits une sorte d'historique des considérations plus ou moins physiologiques des temps écoulés.

Nous l'avons constaté, il a fallu bien des siècles avant d'arriver à connaître un peu l'homme, et par conséquent, pour qu'il pût dire en face de l'univers, et regardant tant d'astres inconnus : « Enfin moi je me connais ! » Encore se connaît-il bien en lui-même aujourd'hui ? Non ! *Les relations de sa partie organique et de sa partie intellectuelle* lui sont encore cachées. Quant à sa situation au milieu des animaux, il ne la voit le plus souvent qu'avec le prisme trompeur de son orgueil et de son *moi* irréfléchi ou peu raisonné.

Il confond souvent *l'esprit humain*, qui, quant à présent, est une forme essentiellement collective, résultant des observations, des pensées, des déductions de tous et qui ne saurait appartenir à l'individu, avec *l'esprit humain relatif ou esprit philosophique* dont chaque homme est plus ou moins doué.

L'esprit humain collectif se perfectionne à travers les temps pour devenir absolu et se déduit des discussions successives ; un individu peut l'exprimer dans un livre ou par ses actes.

L'esprit de l'homme individu est seulement philosophique ; cet esprit philosophique se perfectionne quelquefois dans la vie de l'homme ; il se perfectionnera dans le temps jusqu'à devenir l'esprit humain absolu ; alors l'homme individu sera à son apogée de perfection.

Mais pour le moment, l'esprit humain, qui est la perfection spirituelle, est collectif ; il appartient comme déduction à la masse des individus : c'est *l'esprit de l'humanité dans les époques*. S'il en était autrement, il y aurait autant d'esprits humains qu'il existe actuellement de sortes d'esprits philosophiques, il serait sujet à la variabilité ; il lui serait alors difficile d'exprimer les lois de la nature et la sagesse universelle.

C'est ce qui est démontré par l'esprit individuel : lorsque l'homme individu fait des travaux scientifiques, il est obligé de s'entourer des livres des autres ; il établit un *conseil muet* ; c'est lui qui discute les faits avec son esprit philosophique pour tâcher d'apporter son obole à l'esprit humain collectif.

L'esprit humain collectif est la sagesse discutée par tous.

L'esprit philosophique ou individuel est l'amour de la sagesse des faits, et des vérités légales ; c'est une aspiration à la vérité dans la discussion individuelle intérieure.

La nature est prudente dans ses énergies !

Si l'homme individuel, si l'homme collectif même, avait eu d'abord en sa possession particulière l'esprit humain absolu, il se serait bientôt égalé à Dieu ! Car l'esprit humain arrivé à son apogée, à son amplitude, si nous pouvons nous exprimer ainsi, sera exactement l'esprit de Dieu révélé à l'homme.

Il a existé des sages qui possédaient la logique des faits

généraux, mais cette logique était toujours accompagnée de faiblesse : *l'homme-dieu est rare;* l'homme vraiment philosophique se rencontre parfois; tous les hommes, dans la loi de la genèse, sont aptes à devenir plus ou moins philosophiques; voici pourquoi : *l'esprit humain est un; c'est qu'il n'appartient à personne, mais à tous!*

Il y a vingt ans et plus peut-être, imitant Diogène et prenant la lanterne de notre intelligence, nous nous mîmes à chercher parmi les physiologistes un *homme philosophique.* Contrairement au philosophe Diogène, nous en trouvâmes plusieurs; mais, au milieu d'eux, nous en vîmes un qui possédait cette grande et rare qualité au plus haut degré ; toutes les belles œuvres délicates qu'il a publiées depuis nous ont confirmé dans cette opinion. Le nommerons-nous? Pourquoi pas? Ce sera une des gloires de celui qui voulut bien quelquefois nous guider : c'était M. Flourens!

Retombons de cette hauteur d'appréciation dans notre sujet :

ÉPOQUE PAÏENNE. — L'homme fut d'abord, dans le paganisme ancien, *une métempsycose quant à son âme,* et une transformation, *une métamorphose quant à son corps.*

Il existe deux célèbres divisions de la philosophie en ionique et en italique. (F.)

Talès de Milet, au temps de Crésus, roi de Lydie, *était le chef de la secte ionique,* qui représentait la plus haute morale et les lois de la physique ; de la 35e à la 58e olympiade.

Pythagore, qui l'on pense était de Samos, *fonda la secte italique.* Il vint habiter l'Italie vers la 62e olympiade, postérieurement à Numa, roi de Rome.

Thalès est ce même philosophe qui inventa cette immortelle maxime :

Connais-toi toi-même !

On rapporte qu'elle fut consacrée et gravée sur une lame d'or dans le temple d'Apollon.

Pythagore, de son côté, devint si célèbre par la science qu'il avait puisée dans ses voyages en Égypte auprès des prêtres, en Chaldée, auprès des mages, en diverses parties de l'Orient et en Crète, où il consulta le sage Épiménides (F.), que les personnes remarquables de l'Italie venaient annuellement le visiter et se soumettre à ses conseils.

C'est Pythagore qui enseignait que l'âme sortant du corps d'un homme entrait, sans en faire de différence, aussi bien dans le corps d'un animal que dans celui d'un autre homme.

Il est évident que, pour lui, le corps de l'homme était purement animal, et que l'âme du corps était matérielle.

Il défendait de manger le corps des animaux, par cela même qu'il pouvait recéler des âmes humaines; c'était probablement pour faire respecter l'hygiène en faisant naître la sobriété.

Platon enseignait également la métempsycose avec certaines modifications.

On voit que l'antiquité a eu ses grandeurs.

Dans un temps plus reculé, la fable nous dit que Prométhée *forma les premiers hommes de terre et d'eau,* qu'il monta au ciel avec le secours de Pallas et *y déroba du feu pour les animer.* Jupiter, irrité de ce vol, commanda à Mercure de l'attacher sur le mont Caucase, où un aigle mangeait son foie à mesure qu'il renaissait; le supplice dura jusqu'à ce qu'Hercule vint l'en délivrer (Hésiode);

Que Deucalion, roi de Thessalie, fils de Prométhée et mari de Pyrrha, lorsque les dieux firent périr tous les hommes de son temps par un déluge universel (1), parce qu'ils étaient tous méchants, en fut préservé, ainsi que Pyrrha, à cause de leur équité;

Qu'après le déluge, ils consultèrent l'oracle de Thémis, qui leur conseilla de *jeter les os de leur mère, c'est-à-dire des pierres*, derrière eux, par-dessus leur tête; et ces pierres en sortant de leurs mains se métamorphosaient, celles de Deucalion en hommes, et celles de Pyrrha en femmes (OVIDE, liv. 1er des *Métam.*);

Que Saturne, après avoir donné un coup de faux à son père Cœlus, *donna naissance à Vénus à l'aide du sang qui se mêla à l'écume de la mer* (2).

Ainsi, dans la période païenne, l'homme est en même temps une métempsycose et une métamorphose.

ÉPOQUE THÉOCRATIQUE. — Dans l'Inde ancienne, et peut-être de nos jours, pour les prêtres, *l'homme était une incarnation divine.* Il en fut de même pour les Assyriens et pour les anciens prêtres égyptiens, cela paraît certain, ainsi que pour toutes les écoles cabalistes.

Moïse, né 1331 ans avant Jésus-Christ, et élevé dans les temples de l'antique Égypte à l'école cabaliste des prêtres

______

(1) Déluge partiel qui forma le golfe de Corinthe en Grèce.

(2) Il est probable que ce que l'on nomme les personnages de la Fable sont les restes traditionnels et poétiques d'une grande civilisation gréco-syrienne, qui aurait existé avant, pendant et après la guerre de Troie.

pharaoniens, dont il se sépara à quatre-vingts ans (1), c'est-à-dire 1251 ans avant Jésus-Christ (*Bible*), pour aller coloniser la terre qui s'étend de l'Euphrate au Liban, fait naître l'homme (2) après tout ce qui lui est utile, le sixième jour de la création, par une sorte de *métamorphose du limon de la terre et sous l'influence du souffle divin qui l'anime :* c'est une incarnation moitié spirituelle et moitié païenne ; car, pour ce qui regarde le corps elle est en dehors de la loi naturelle, qui veut *la genèse ovulo-vitelline* des êtres organisés.

Au reste, voici les versets du texte de Sacy :

CHAPITRE 1er.

Verset 16. « Dieu dit ensuite : Faisons l'homme à *notre image* et à notre ressemblance, et qu'il commande aux poissons de la mer, aux oiseaux du ciel, aux bêtes, à toute la terre et à tous les reptiles qui se remuent sous le ciel. »

(1) Moïse est mort à cent vingt ans, c'est-à-dire 1211 ans avant la naissance de Jésus-Christ, après quarante ans de marches, de combats, de travaux d'organisation civile et religieuse et de législation morale préparatoire à la colonisation du peuple juif. Alors que Moïse allait jouir des succès du peuple qu'il dirigeait, et qu'il contemplait déjà du haut de la montagne de Nebo les régions promises qui s'étendaient du pays de Juda à la mer occidentale, il mourut tout à coup, au milieu de la consternation générale des Juifs, qui lui firent un deuil de trente jours. Ils l'ensevelirent dans la plaine de Moab, dans un lieu qu'ils tinrent sous secret, afin que ses dépouilles ne fussent jamais profanées.

(2) L'homme de la Bible est l'homme collectif et non individuel. Moïse parle de l'homme philosophiquement, l'homme veut dire l'humanité. Il ne se trouva rien qui fût semblable à l'homme collectif, c'est-à-dire à l'humanité. La spécialité humaine est seule !

Verset 17. « Dieu créa donc l'homme à son image ; il le créa à l'image de Dieu, et il le créa mâle et femelle (1). »

Verset 31. « Dieu vit toutes les choses qu'il avait faites ; et elles étaient très-bonnes ; et du soir et du matin se fit le sixième jour. »

CHAPITRE II.

Verset 5. « Car le Seigneur Dieu n'avait point encore fait pleuvoir sur la terre, et il n'y avait point d'homme pour la labourer. »

Verset 7. « Le Seigneur Dieu forma donc l'homme du *limon de la terre, il répandit sur son visage un souffle de vie* (2), et l'homme devint vivant et animé. »

Verset 19. « Le Seigneur Dieu ayant donc formé de la terre (3) tous les animaux terrestres et tous les oiseaux du ciel, etc. »

Verset 20. « Adam appela donc tous les animaux d'un nom qui leur était propre ; tant les oiseaux du ciel, que les bêtes de la terre. *Mais il ne se trouva point d'aide pour Adam qui lui fût semblable* (4). »

Verset 21. « Le Seigneur Dieu envoya donc à Adam un

(1) Le mâle collectif et la femelle collective, ou philosophiques.

(2) Il est presque certain que le *pneuma* des Grecs vient de cette doctrine.

(3) Est-ce de l'albumine ?

(4) Nous le croyons sans peine, parce que l'homme, pris collectivement ou philosophiquement, forme une progression spéciale, unique. D'ailleurs, la légende d'Adam et d'Ève représente les *équations philosophiques, génésique* et *générique* ou du mâle et de la femelle, que nous avons expliquées, page 75 et suivantes de notre livre intitulé : *Exposition de la loi divine d'harmonie.*

profond sommeil, et lorsqu'il était endormi, il *tira une de ses côtes et mit de la chair à sa place.* »

Verset 22. « Et le Seigneur Dieu, *de la côte qu'il avait tirée à Adam, forma la femme* et l'amena à Adam. »

Verset 23. « Alors, Adam dit : « Voilà maintenant l'os de mes os et la chair de ma chair ; celle-ci s'appellera d'un nom qui marque l'homme, parce qu'elle a été prise de l'homme. »

Verset 24. « C'est pourquoi l'homme quittera son père et sa mère et s'attachera à sa femme, et ils seront deux dans une même chair. »

Verset 25. « Or, Adam et sa femme étaient alors tous deux nus, et ils n'en rougissaient point. »

Ainsi, dans la période théocratique, l'homme est positivement une incarnation ; cette vue est plus ou moins alliée à des idées de métamorphose.

ÉPOQUE NATURALISTE. — Aristote, de Stagyre, en Macédoine, illustre philosophe de l'école du célèbre Platon, *sous lequel il étudia pendant vingt ans* à l'académie d'Athènes, fut un des conseillers du roi Philippe de Macédoine et précepteur du fils de ce roi, d'Alexandre le Grand, qui lui envoya, plus tard à Athènes, *huit cents talents d'argent* (1) *pour subvenir aux frais de ses recherches sur les objets de la nature.* Ce prince le fit dans un but particulier, c'est-à-dire pour être supérieur aux autres ; mais *Aristote publia ses livres, ce qui lui fit perdre la protection d'Alexandre.* Ce n'est pas le beau côté de ce roi.

Aristote parvint à de telles connaissances, qu'il comprit

______

(1) A peu près 75,000 francs de notre monnaie.

que pour former un corps naturel, il fallait, outre sa matière première, *un principe particulier qu'il appela la forme*, sur lequel il s'égara il est vrai, et, aussi, *un autre principe de mouvement*, qui devenait utile aux animaux pour leur locomotion, qu'il ne sut pas reconnaître en lui-même.

Il professait que ce que nous nommons les propriétés des corps, ne constituait pas leur matière, *mais que la matière était le sujet dont les corps étaient composés ;*

Que toute chose était composée des quatre éléments: la terre, l'eau, l'air et le feu. De son temps il était impossible qu'il allât plus près de la vérité physique.

Quant à l'homme, aux oiseaux et aux autres animaux, il prétendait *qu'il en avait toujours existé*. Pour lui l'homme était une modification de la matière, un être particulier dans la nature, et les naissances se produisaient dans une sorte d'orbite ou de cercle sans commencement et sans fin.

La nature emplissait le lieu, et le lieu était toujours plein et sans vide.

Si le vertueux Socrate, le légiste des mœurs, « fut le premier à retirer la philosophie de la recherche des secrets cachés de la nature, à quoi tout ce qu'il y avait eu de philosophes avant lui s'était uniquement attaché» (Fénelon), Aristote fut aussi le premier à s'appliquer à l'étude de la partie physique des animaux, et c'est là le beau de sa philosophie.

Au reste, il avait divisé la philosophie en pratique et en théorique :

Par la *philosophie pratique*, il entendait cet amour de la sagesse qui nous porte à rechercher les vérités propres à régler les opérations de notre esprit, comme *la logique*, et qui nous fournit des maximes pour nous bien conduire dans la vie civile, comme *la morale et la politique consciencieuse.*

Par la *philosophie théorique* il comprenait cet amour de la science qui nous porte à découvrir les vérités purement spéculatives, comme *la métaphysique,* et *la physique,* qui embrasse la nature entière. (*Ext. d. F. v. d. Ph.*)

On le voit, Aristote était un grand homme.

Isidore Geoffroy-Saint-Hilaire cite Albert le Grand, Ignace de Loyola, Hermolaüs, Barbarus et un grand nombre d'autres auteurs antérieurs au **XVIII**ᵉ siècle, qui considéraient *l'homme comme une grande division de la nature.*

Isidore Geoffroy-Saint-Hilaire cite aussi :

Un poëme français composé vers 1320, dans lequel l'homme est envisagé comme *le quatrième degré de la nature;* sans doute ainsi : les minéraux, les végétaux, les animaux, et l'homme.

Il cite aussi Bonnet, 1764, un des célèbres partisans *de la préformation, de l'emboîtement et de la préexistence des germes,* qui regarde l'homme comme une *quatrième classe générale,* probablement d'après la même idée que l'auteur précédent; idée à laquelle se prêtent sous des termes particuliers (dit-il), Adanson en 1772, Daubenton en 1782, d'après lui Vicq d'Azyr en 1792, et Geoffroy-Saint-Hilaire père, dans son premier cours en 1791, enfin Tiedemann en 1808, etc.

Buffon, vers 1730, étudie les variétés de l'homme et *les ramène à l'espèce.*

ÉPOQUE MÉTHODISTE. — Il paraît que c'est Linné qui fut le premier *à nommer l'homme comme on nomme une espèce animale;* il l'appelait : *homo sapiens.* L'homme était alors la première espèce de son genre *homo*, dans lequel il eut la pauvre idée de placer également un singe. Peu importe le nom du singe (1), ce n'était qu'un animal instinctif (2), à côté de l'homme, animal intelligent et perfectible.

Mantissa, d'après Linné, en fait autant. Plus tard, Linné, dans son *Système de la nature*, ou, comme il dit, dans *les trois règnes de la nature, proposés systématiquement*, par classes, ordres, genres et espèces, etc. (Leyde, 1735, in-folio, et Stockholm, 1766 et 1768, quatre tomes), fit de l'homme un genre séparé, *le premier de l'ordre des primates*. Isidore Geoffroy-Saint-Hilaire cite Erxleben, Gmelin, et d'autres auteurs, et, de nos jours, J. B. Fischer, 1829, pour avoir continué cette idée de Linné.

Godman, en 1826, fait de l'homme *une famille* naturelle nommée *bimana :* c'était la première famille de ses primates.

Charles Bonaparte, en fait également *une famille*, en 1828, sous le nom de *hominidrie*, première famille de ses primates. En 1838, Charles Bonaparte change son plan; il fait alors de l'homme *un sous-ordre*, sous le nom de *bimana*, première tribu des primates. Dugès, en 1838, en fait aussi *un sous-ordre*, avec le titre *d'hominidiens* premier sous-ordre de ses hominiens (Isidore Geoffroy-Saint-Hilaire).

Déjà, en 1779, dans son *Manuel d'histoire naturelle*,

---

(1) L'homme nocturne, l'homme troglodyte, l'homme sauvage de Linné, n'est que l'orang-outang (*Simia troglodytes* de Linné). (M. Floure..s, *Éloge de Blumenbach*.) C'est vrai !

Homo lare, *Gibbon* lare, classifications diverses du genre humain (Isidore Geoffroy-Saint-Hilaire ?)

(2) Linné a-t-il voulu jouer à l'ange déchu avec son singe ?

première édition, Blumenbach en avait fait *un ordre*. L'homme pour Blumenbach était le premier ordre des mammifères. Mais, en 1775, dans sa thèse inaugurale, il en avait fait *un genre unique* (*le genre humain*); le genre a précédé l'ordre. Blumenbach, dans la dernière édition de son *Manuel,* change son plan; l'homme alors devient *une classe,* qu'il nomme *bimani,* bimanes; première classe des mammifères. Cuvier, Duméril père, et un grand nombre d'auteurs l'imitent, dit Isidore Geoffroy-Saint-Hilaire.

Zenker, en 1838, fait aussi de l'homme *une classe* (*l'homme*); ainsi que Carus, en 1834. Enfin Zenker réfléchit; il caractérise l'homme *un embranchement,* sous l'appellation suivante : *les animaux raisonnables.*

L'homme a déja passé par bien des volontés et bien des degrés du *méthodisme systématique;* il va maintenant, devenir *un règne,* et cela date de loin ; car, pour M. de Voltaire, en 1766, l'homme est *un règne;* le règne de l'homme existe. (Is. GEOF.)

Barbançois, en 1816, dit : *le règne moral* de l'homme.

Fabre d'Olivet, en 1822, et plusieurs auteurs récents, parlent du *règne hominal.* L'homme constitue le règne hominal ; en opposition, sans doute, au règne animal de Linné.

Nées Désenbeck en 1820, Runge en 1824, et plusieurs auteurs allemands; MM. Serres, Hollard, Longet, Jean Reynaud, Lordat, Moquin-Tandon, disent : Il existe un règne humain, *regnum hominis* (*muschenzeich* des Allemands). (ISIDORE GEOFFROY-SAINT-HILAIRE.)

Enfin, l'abbé Maupied considère l'homme comme formant le règne social.

Isidore Geoffroy-Saint-Hilaire, d'après son *Histoire des règnes organiques* et son *Tableau des classifications du genre humain*, que nous avons consulté, semble regarder l'homme comme constituant le règne humain formé de races humaines.

M. Flourens, auquel nous sommes redevable de l'éloge de Blumenbach, qu'il fit en 1847, dans sa judicieuse raison, ne veut pas, comme Blumenbach, que l'homme soit *un genre*, encore moins, sans doute, *un ordre* ou *une classe*, car il prévoit que *l'unité* qu'il recherche avec une religieuse conviction, lui échapperait, et il a raison. « M. Blumenbach dit *genre humain*, dit M. Flourens; disons aujourd'hui, et *beaucoup mieux* (1), *espèce humaine*. » Parce qu'avec l'espèce, il espère avoir *l'unité* de l'homme, M. Flourens est dans la vérité philosophique; le mot de la loi seul lui fait défaut, la science étant encore limitée au méthodisme, et ne connaissant pas la loi de la genèse que nous avons publiée dernièrement. Depuis Linné le méthodisme systématique a été la pierre d'achoppement, l'obstacle et l'occasion de faillir à la vérité, pour les plus grands savants, dans la recherche de la véritable définition physiologique de l'homme.

Ayant donné la multitude d'idées des auteurs, idées dans lesquelles nous reconnaissons qu'il existe des aperçus réels et utiles, nous pouvons bien y joindre notre opinion particulière que voici :

ÉPOQUE PHYSIOLOGIQUE. — Les hommes constituent une *progression spéciale*. *L'homme individuel et collectif est une spécialité, ou une unité de spécialités semblables.*

---

(1) Ce *beaucoup mieux* implique chez M. Flourens une idée intérieure de non-satisfaction : il a l'intuition d'une amélioration possible ; il prévoyait une découverte : notre découverte de la spécialité humaine.

Que l'on soit blanc, rouge, jaune ou noir, *c'est une uni-que spécialité que d'être homme. L'unité est dans la spé-cialité, ou, si l'on veut, dans des spécialités semblables.*

L'unité intellectuelle, morale et organique de l'homme, pris collectivement, se découvre dans la seule *spécialité humaine ;* car chaque espèce humaine vivante ou morte, n'est qu'une *équation animale spécifique, particulière,* indiquée par des propriétés physiques particulières, et résul-tant des matériaux de formation pondérables et impondé-rables, en quantités proportionnelles et progressionnelles, placées de chaque côté d'une ligne médiane, ce que l'on observe chez chaque espèce, tandis que la spécialité hu-maine est, en même temps, une proportion organique et une proportion d'instincts, de sentiments et d'intelligence. Ne confondons pas, ô Linné ! *l'homme philosophique* et *l'idiot animal purement espèce, l'homme intelligent* et *perfectible,* et *le singe qui demeure instinctif.* Il y a *donc unité de spécialité chez les hommes !* Voilà une décou-verte bien simple, bien grande et bien utile, faite après cent vingt-huit ans d'erreurs ou de tentatives, c'est-à-dire depuis l'année 1735, époque à laquelle la publication du *Systema naturæ* de Linné *a donné l'empire au métho-disme.* Le méthodisme a égaré tous les savants en les écartant de la recherche de la loi naturelle, qui seule pouvait faire connaître la véritable situation de l'homme dans la genèse.

Seulement, nous dirons que ce sont les remarquables idées physiologiques que M. Flourens a émises sur l'unité de l'espèce, qui nous ont aidé à découvrir la véritable et *seule unité physiologique de relation entre les espèces, l'unité de spécialité humaine ainsi que les faits consé-quents qui en découlent.* Ce à quoi nous n'aurions peut-

être pas pensé *sans ses travaux* que l'on ne saurait ja·
mais trop honorer.

M. Flourens a la gloire d'établir par ses études *sur l'unité de l'espèce*, le passage de la période méthodiste à la période physiologique ; il tient à l'une et à l'autre de ces majestueuses périodes de la science, mais dans un rapport bien plus grand, et, comme on l'a vu, presque complet avec la période physiologique.

Réflexions sur le chapitre précédent.

Nous avons vu que pendant l'époque païenne l'homme était une métempsycose et une métamorphose. Les philosophes de ces temps déjà fort anciens ont pensé à l'âme et au corps : c'était certes quelque chose.

Cependant, admettre que l'âme d'un homme passe tout entière dans le corps d'un animal, ou du corps d'un animal dans celui d'un homme, c'est proclamer que *l'homme et l'animal sont égaux en spécialité*, que leur âme commune, unie à leurs corps différents, possède la même dignité chez l'un et chez l'autre, qu'elle a le même but, les mêmes facultés, les mêmes fonctions, les mêmes devoirs à remplir dans le monde et la même intelligence.

Cette erreur de la métempsycose vient de ce que les anciens ne voyaient qu'un même principe déterminé, un élément, le feu, animant tous les êtres sans loi de direction ; que ce principe offrait les mêmes faiblesses chez tous les êtres et les mêmes exagérations, ce qui les a conduits à l'erreur, et que, par conséquent, à la mort ou à la destruction de l'individu, comme rien, d'après leur philosophie, ne se perdait dans le lieu, ce principe de l'âme inconnu dans sa nature, devait se fixer de nouveau en s'introduisant , soit pendant le cours de la vie, soit pendant le premier moment de la génération, dans le corps de ceux qui vivaient ou de ceux qui venaient au monde.

Pythagore, pour persuader ses auditeurs sur sa doctrine de la métempsycose, assurait que déjà, à différentes époques, il avait été *quatre personnes;* ainsi, que, *coq deMycile* et *paon* d'un autre personnage , *il avait été homme et bête.* Cependant, pour être bête, il faut que l'âme humaine soit bien illégale.

Si Pythagore avait connu la loi des nombres, il n'aurait pas avancé que l'âme d'un coq est pareille à celle de Pythagore, à la belle âme de Pythagore.

Il existe cependant quelque chose de vrai, qui a donné lieu à cette idée de la métempsycose : Platon, un des plus grands génies de l'antiquité , l'eût-il enseigné sans cela ? Le voici. Ce sont les mutations de ce qu'on appelait le feu, et que nous nommons *fluides organiques* (1), que les anciens ont constaté sans les comprendre en eux-mêmes. Pour eux ces fluides étaient simplement du feu. On a vu Prométhée dérober du feu, pour animer les hommes. Prométhée jouait le rôle de la vie générale. La métempsycose (2) est une première vue, une vue imparfaite du fait

---

(1) Les fluides organiques constituant l'âme matérielle sont formés de lumière obscure, de calorique et d'électricité ; ils viennent successivement animer les êtres par proportions et progressions de quantités appropriées qui symbolisent les âmes immatérielles.

(2) La métempsycose ou métempsychose *(metempsychosis)* est le passage de l'âme d'un corps qui ne peut plus vivre dans un autre corps vivant ; ce mot vient du grec, μέτα, préposition de changement, εν, dans, ψυχή, âme.

réel. Si la métempsycose était vraie, la nature serait fatale, *la cause accidentelle n'existerait pas*, n'aurait pas de raison d'être ; c'est donc une erreur.

Les fluides organiques viennent, comme les aliments, de plusieurs sources ; sans cela la mutation relativement perpétuelle de la matière ne pourrait exister, et la loi de la genèse serait inutile.

A ce propos, nous dirons que *les typhons, les trombes, la foudre et les orages*, etc., etc., annoncent des fluides organiques surabondants, non fixés et sans application équilibrée, dans l'atmosphère et dans le globe terrestre, qui prononcent dans leur émouvant et terrible langage, le *croissez* et *multipliez* de Moïse, et qui disent par leurs tourbillons et leurs éclats de favoriser les naissances végétales et animales, et leurs fixations diverses propres, afin que les hommes obtiennent leur équilibre dans la nature et qu'ils en soient maîtres.

La foudre est le Mané, Thecel, Pharé s, *du prophète Daniel au roi Balthazar*, qui était la seule cause de la dissolution dans son royaume, et dont le palais où il se livrait à sa dernière orgie fut frappé du tonnerre.

Dans ces temps reculés, les savants étaient des prophètes !

Il nous est prouvé, par la triangulation que nous avons exécutée, des mots *Mané, Thecel, Pharé s*, que Daniel était de l'école cabaliste qui voilait les lois naturelles sous des images.

Triangulation des mots MANÉ, THECEL, PHARÉ S.

```
Mané =  4, 3, 2, 1 = 10   Thecel =  6 5 4 3 2 1 = 21   Pharés =  6 5 4 3 2 1 = 21
Man  =  4, 3, 2    =  9   Thece  =    6 5 4 3 2 = 20   Pharé  =    6 5 4 3 2 = 20
Ma   =     4, 3    =  7   Thec   =      6 5 4 3 = 18   Phar   =      6 5 4 3 = 18
M    =        4    =  4   The    =        6 5 4 = 15   Pha    =        6 5 4 = 15
                          Th     =          6 5 = 11   Ph     =          6 5 = 11
                          T      =            6 =  6   P      =            6 =  6
                                                 ─                             ─
Dieu ou substance in-     Substance déterminée        Substance déterminée
déterminée. . . . . . 30   naturelle + l'accord        surabondante + l'ac-
                          principe légal. . . . . 91   cord principe légal . 91
```

Par cette formule, *Mané*, *Thecel*, *Pharé s*, Daniel, inter-
prétateur, d'après la Bible, des choses les plus obscures
et les plus embarrassées, dit au roi : Dieu, la substance
indéterminée, t'annonce par la voix terrible du tonnerre,
que tes débauches empêchent à ton royaume d'être floris-
sant; ou, en d'autres termes, à la substance déterminée
surabondante de s'équilibrer, car la nature entière souffre
sous ton règne impie et illégal.

En effet, *Mané* triangulé formule Dieu ou substance
indéterminée, *Thecel* triangulé est la substance déterminée
naturelle et proportionnelle aux êtres existants, *Pharé s*
triangulé indique la substance déterminée, surabondante,
sous la forme de la foudre, qui ne peut s'équilibrer dans
la nature par l'impéritie des hommes, et, dans le cas présent, par la faute des désordres du roi Balthazar et de son
incurie gouvernementale.

Ainsi, d'après Daniel, au lieu de se livrer aux orgies
négatives, Balthazar aurait dû faire, en l'an 3466 du
monde, ce qu'avait fait Moïse 953 ans auparavant, dans
l'année 2513 du monde, c'est-à-dire de protéger de tout
son pouvoir les cultures, le boisement, le *croissez* et
multipliez des bêtes et des hommes, afin de faciliter les

courants et les fixations temporaires des fluides organiques
(du feu) se changeant en foudre lorsqu'ils demeurent trop
abondamment inappliqués à la vie organique, et représen-
tant alors, en quelque sorte, des âmes mécontentes qui
nous envoient, pour nous punir, tous les météores lumi-
neux, calorifiques, électriques et humides (1), et avec eux
les maladies des hommes, des animaux et des végétaux.

Mais revenons à notre sujet : en même temps que l'on
admettait l'idée de métempsycose d'une application impossible dans la nature, parce qu'elle n'est pas fondée sur
la loi, on prétendait aussi que le corps de l'homme, celui
des animaux, des végétaux, et les minéraux eux-mêmes,
se métamorphosaient les uns et les autres :

Les hommes en végétaux ou en animaux, les minéraux, les pierres, le limon et l'écume de la mer en hommes ou en femmes.

Bien que ces idées soient privées de toute vérité parce
qu'elles ne renferment *aucun acte légal*, elles avaient

(1) Depuis la destruction des bois en France, les saisons sem-
blent changées ; les arbres sont les pointes de l'appareil électro-
organique ou statique de la terre ; détruisez les pointes, la terre
n'est plus qu'une bouteille de Leyde fort dangereuse, qui occa-
sionne parfois les décharges de fluides les plus funestes dans les
lieux du globe terrestre les plus favorables à cet effet.

Mais l'on peut nous dire : s'il n'y avait plus de pluie, comment les végétaux pousseraient-ils? La science a produit les fora-
ges artésiens et des machines puissantes pour élever l'eau ; nous
votons donc pour le beau temps et pour l'irrigation des surfaces, afin
que l'humanité jouisse d'un printemps perpétuel dans le *croissez
et multipliez* de Moïse, sous le regard de Dieu, c'est-à-dire dans
l'esprit de la loi naturelle qui favorisera les condensations nor-
males de l'humidité atmosphérique dans des lieux fixes, élevés ou
éloignés de la ligne équatoriale, et déterminés par leur basse température.

certainement pris leur source dans certains faits naturels,
tels que :

1° La transformation des détritus animaux et végétaux
en végétaux par la nutrition végétale ;

2° La transformation de l'œuf des insectes en larve, de
la larve en chrysalide, et de la chrysalide en insecte parfait ;

3° La transformation de l'œuf des batraciens en têtard,
du têtard en animal parfait, avec perte de la queue du
têtard, qui n'est que l'extrémité de l'enveloppe.

Ces transformations étaient aussi un point de départ de
l'idée de métempsycose.

*On le voit bien maintenant, en dehors de la généra-
tion naturelle, il n'y a qu'erreurs grossières.*

Les idées anciennes de métempsycose et de métamorphose ne sont point satisfaisantes à aucun égard (1). Dans
l'époque théocratique, l'homme est une *incarnation divine*, ou une incarnation par métamorphose du limon et
l'intervention de Dieu.

Ici il y a un côté réel, car tous les êtres sont des ma-
térialisations, des corporifications ou des incarnations de
la substance divine que nous avons expliquées dans notre
livre de l'*Exposition de la loi divine d'harmonie;* nous n'y
reviendrons pas ici. Quant à la métamorphose du limon,
nous pensons que c'est une concession de Moïse, offerte à
des peuples qui conservaient comme une croyance cette

---

(1) Ce que les naturalistes actuels appellent métamorphose (*mc-
tamorphosis*) sont les changements naturels et successifs de con-
formation de l'œuf à l'animal parfait; tandis que pour les anciens
c'était un changement poétique ou brutal et sans explication, d'une
forme dans une autre (de μετά après, et μορφή figure, forme).

idée ancienne de métamorphose qui dominait dans tout l'Orient.

Ainsi l'homme est certainement *une incarnation spirituellement divine* comme tous les animaux.

L'époque naturaliste nous offre deux doctrines principales :

La première, celle d'Aristote, affirme que *l'homme et les animaux ont toujours existé.*

La seconde, qui commence en 1320, et qui, plus ou moins modifiée, appartient à un grand nombre d'auteurs, considère l'homme comme *une quatrième classe dans la nature.*

Tout ce que nous pouvons dire sur les idées d'Aristote le voici : *Sa doctrine est matérialiste*, car, d'après lui, les êtres et l'homme lui-même se produisent, vivent et se détruisent pour se produire de nouveau dans un cercle ou tourbillon perpétuel, par l'action du *principe qu'il appelle la forme, sur le sujet de tous les corps, la matière première.*

Aristote ne connaissait pas les animaux dits antédiluviens dont les espèces sont à jamais perdues pour cette terre ; l'homme, par une même cause, ou par plusieurs causes réunies, pourrait aussi disparaître de la surface du globe. Si cela arrivait, l'âme d'Aristote serait très-embarrassée et très contrariée ; mais elle attendrait peut-être, dans le corps de quelque poisson, le moment de prouver sa doctrine aux autres poissons philosophes.

Aristote, qui pensait que la félicité consiste dans l'action la plus parfaite de notre entendement et la pratique des vertus, qui prétendait que l'action la plus noble de notre entendement est la spéculation des choses naturelles, des cieux, des astres, de toute la nature et principalement du premier être (F.), comment pouvait-il admettre que les naissances des espèces se faisaient dans une sorte de *circulus incompréhensible?*

Philosophe Aristote, vous auriez dû profiter davantage des leçons du sage Platon, qui admettait avec courage, au beau milieu de l'idolâtrie : *Dieu, la matière et l'idée.* L'idée, pour Platon, était évidemment *la loi de la nature dans l'esprit ou l'entendement de Dieu.*

On s'étonne que Platon, dans ces temps de jalousie barbare, voilât ses connaissances en parlant de dieux supérieurs, de dieux inférieurs et de dieux mitoyens ; mais il ne pouvait pas faire autrement avec le peuple grec, si facile à irriter, à demander et à donner la mort. Platon savait bien que les savants ne prendraient pas à la lettre les choses qu'il disait pour satisfaire aux idées religieuses de son temps. Socrate, devant lui, n'avait-il pas bu la ciguë des trente tyrans qui gouvernaient Athènes à cette époque ?

Quant à la seconde idée, que l'homme est *un quatrième degré ou une quatrième classe dans la nature,* nous y répondrons succinctement.

L'homme animal, l'homme espèce, n'étant qu'un mammifère, n'est donc pas une quatrième classe dans la nature, mais il est d'une des quatre classes des vertébrés, ce qui est bien différent, savoir : les mammifères, les oiseaux, les poissons et les reptiles ; il appartient à la *classe des mammifères,* et maintenant à la progression distributive des mammifères.

Pour Buffon, il n'a pas eu raison de considérer les variétés humaines seulement dans l'espèce, car avant *d'être espèces,* elles sont une *progression spéciale; l'homme est une spécialité.*

Nous voici rendu à la période méthodiste, dont Linné, auteur du méthodisme systématique, est le chef. C'est Linné qui a égaré dans le méthodisme jusqu'à nous, c'est-à-dire pendant cent vingt-huit ans, tous les hommes les plus remarquables de l'Europe et des autres pays civilisés.

Nous allons répondre à l'époque méthodiste en quelques mots.

L'homme (1) n'est point
- une espèce ;
- un genre ;
- une famille ;
- un ordre ;
- un sous-ordre ;
- une classe ;
- un embranchement ;
- un règne.

Il n'est point *une espèce*, pris collectivement : 1° parce qn'il est, avant tout, une *progression de spécialités très-semblables ou très-peu différentes ;* 2° parce qu'il ne serait plus dans la loi spirituelle de la genèse relative aux animanx, à la partie animale, aux espèces progressionnelles ; 3° parce que, offrant *l'unité de ses spécialités semblables,* il est légal qu'il y ait *pluralité de ses espèces différentes.*

Il n'est point *un genre, une famille, un ordre, un ssous-ordre un embranchement, un règne,* par les mêmes raisons.

Cependant : 1° il est *une espèce,* comme homme individu offrant telles ou telles *propriétés physiques* fixes;

2° Il est *un genre,* parce qu'il existe *plusieurs espèces humaines,* 'cest-à-dire plusieurs individus offrant *telles ou*

(1) L'homme, nom collectif, c'est-à-dire les hommes.

telles propriétés physiques particulières et fixes, et que le genre correspond à la progression spécifique;

3º Il est *une famille*, pris collectivement, parce que la famille des méthodistes correspondant à la progression spéciale des hommes;

4º Il est *un ordre,* pris collectivement, comme bimanes; l'ordre des méthodistes correspondant à la progression ordinale des bimanes;

5º Il n'est point *un sous-ordre*, ce qui ne veut rien dire !

6º Il n'est point *une classe*, mais il est *d'une classe*, comme mammifère, parce que la classe des méthodistes correspond à la progression distributive des mammifères;

7º Il n'est point *un embranchement*, ce qui ne veut rien dire encore!

8º Il n'est point *un règne*, ce qui ne se conçoit pas; mais *il règne comme être supra-intelligent*, et, en gouvernant avec la politique consciencieuse et la justice naturelle, son règne sera *moral, humain et social*. L'homme aura un jour, il faut l'espérer, les perfections utiles à cette fin.

Le vague, l'incertitude et la décadence du méthodisme se sont montrés à tous les yeux par ces diverses *tentatives de classement* et ces considérations mal définies.

Tout ce qu'il y a de réel dans toutes ces imposantes appréciations, ce sont les divers caractères physiques et moraux de l'homme.

Quant *au cadre systématique de Linné*, il est jugé : le méthodisme systématique est mort, est bien mort! Il est juste qu'il laisse la place libre et débarrassée de sa dépouille à la loi naturelle de la genèse, qui rétablira les faits dans leur situation normale, marquée par l'intelligence universelle, dont les larges vues dominent nos intelligences relatives.

Qu'est-ce que
{
L'homme métempsycose ;
L'homme métamorphose ;
L'existence éternelle de l'homme (Aristote) ;
L'homme 4me degré) de la nature ;
L'homme 4me classe)
L'homme espèce idéale (Buffon) ;
L'homme
{
Espèce animale (Linné)) de l'école mé-
Genre) thodiste ? Ce
Famille) sont des idées
Ordre) éloignées de la
Classe) physiologie
Embranchement) par ignorance
Règne) de la loi de la genèse.
}

Tout cela n'est pas le bon côté de reconnaître ce qu'est l'homme.

Le matérialisme, le méthodisme, l'imaginaire, le sentiment, ne suffisent pas pour résoudre cette haute question, que la loi naturelle peut seule débrouiller.

Plaçons-nous donc dans la loi naturelle de la genèse !

Pour la période physiologique : les hommes ont été créés à la première genèse par *incarnation spirituelle* (1), comme espèces proportionnelles et progressionnelles dans une unité de spécialités si peu différentes, que les différences n'empêchent pas leur unité de spécialité humaine d'être le plus haut fait de la nature de l'homme pris collectivement. *L'homme est une spécialité instinctive, sentimentive, intelligente et organique, et, par conséquent, morale.*

M. Floureus, par ses travaux, *est le savant qui a le plus insisté sur l'unité de l'homme*, et son opération la

____

1) C'est-à-dire incarnation par et dans la loi de la genèse.

plus juste était de faire reposer l'unité de l'homme sur l'espèce, l'espèce étant le plus haut échelon de la science actuelle, *qui ne connaît pas encore la spécialité d'être homme,* ce dont nous lui offrons le premier aperçu dans ce Mémoire.

Peu importerait qu'un *être fût une espèce, si cette espèce n'avait pas de spécialité.* C'est un grand fait que celui de la découverte de la spécialité, qui marque une des propriétés légales de la genèse! Appliquez l'idée de spécialité aux âmes matérielles, et vous n'êtes plus avec Pythagore, qui prétend avoir passé son âme dans le corps d'un coq. Faites encore un effort : appliquez l'idée de spécialité aux âmes spirituelles, et vous prenez de suite une haute idée des harmonies spirituelles supérieures.

Équation génésique-légale-relative de l'homme individu,
ou équation spirituo-animale relative de l'homme à son origine.

Unité spirituelle relative;			Unité animale relative;	
Esprit légal relatif,		Proportions et progressions relatives.	Loi organique relative,	
Principe indéterminé relatif.	Substance indéterminée relative.		Principe déterminé relatif.	Substance déterminée relative.
D'où les accords spirituels indéterminés relatifs constituant l'esprit humain relatif ou esprit philosophique.		Harmonie relative de l'homme en Dieu.	D'où les accords organiques déterminés relatifs constituant les formes organiques relatives et les propriétés physiques relatives du corps humain ou beauté organique incomplète.	

Par l'observation et la culture des lois naturelles,
morales et organiques,
l'homme individu arrivera à l'apogée de l'homme philosophique
et de l'homme organique ou animal,
et deviendra l'homme parfait au physique et au moral ;
il aura alors pour attributs
la beauté organique, la santé, l'intelligence et la moralité absolues.

*Équation physiologique légale-absolue de l'homme individu
à son apogée de perfection,
ou équation spirituo-animale absolue de l'homme.*

Unité spirituelle absolue;			Unité animale absolue;	
Esprit légal et moral absolu.		Proportions et progressions absolues.	Loi organique absolue.	
Principe indéterminé absolu.	Substance indéterminée absolue.		Principe déterminé absolu.	Substance déterminée absolue.
D'où les accords spirituels indéterminés absolus constituant l'esprit humain absolu.		Harmonie absolue de l'homme en Dieu.	D'où les accords organiques déterminés absolus constituant les formes organiques absolues, et les propriétés physiques absolues du corps humain, ou la beauté absolue.	

A l'apogée de perfection, l'âme de l'homme
est pur esprit.

Mettez au corps de l'homme à l'apogée morale et physique, deux
ailes fictives qui marquent ou symbolisent l'équation spirituelle,
c'est-à-dire l'équation des lois naturelles, et vous aurez les anges
des anciens, qui représentaient les êtres parfaits ou équationnels.

M. de Bonald a dit : *L'homme est une intelligence
servie par des organes.* Cela est vrai ; cependant, il doit
y avoir un peu de réciprocité, suivant nous ; car, pour
que l'homme puisse arriver à son apogée morale et physique, la loi veut qu'il soit aussi *des organes servis ou
gouvernés par une intelligence :* à ces conditions, qui
existent malgré tout, il pourra sortir peu à peu et tout à
fait de la confusion matérielle actuelle, où il est presque
déchu. Il faut d'ailleurs cultiver l'hygiène morale pour
pouvoir pratiquer l'hygiène physique.

L'homme doit exécuter les lois naturelles, afin d'y renaitre comme de lui-même ; car ce qui s'en écarte est bientôt dissolution ou confusion.

Tout l'avenir de l'homme sur cette terre repose sur les facultés de son esprit philosophique, qui, par la libre discussion, le renseigne, relativement à sa religion et à sa conduite, sur tous les faits et sur toutes les questions. La preuve est à l'appui de ce que nous venons d'avancer. Si le charmant esprit de Mme Deshoulières avait été suffisamment éclairé, elle n'aurait pas donné à quelques-uns de ces beaux vers le sens suivant, dans son idylle intitulée

LES FLEURS.

—

. . . .
. . . .

Plus heureuses que nous, vous mourrez pour renaitre.
Tristes réflexions, inutiles souhaits !
    Quand une fois nous cessons d'être,
    Aimables fleurs, c'est pour jamais.

Un redoutable instant nous détruit sans réserve.
On ne voit au delà qu'un obscur avenir.
A peine de nos noms un léger souvenir
    Parmi les hommes se conserve.

Nous entrons pour toujours dans le profond repos
    D'où nous a tiré la nature,
Dans cette affreuse nuit qui confond le héros
    Avec le lâche et le parjure,
Et dont les fiers destins, par de cruelles lois,
    Ne laissent sortir qu'une fois.

Savante Deshoulières !

.   .   .   .

Ton cœur est attristé par un point d'ignorance ;
C'est la divine loi qui manque à ton esprit ;
Dès lors que tu naquis, conserve l'espérance,
Un jour tu renaîtras dans la loi qui prescrit !

Mais c'est le relatif, en nous, qui peut renaître,
L'âme, dans sa grandeur, réside au sein de Dieu ;
Si l'homme est assez pur, a-t-il besoin de naître
Et de souffrir encore en ce triste milieu ?

Tu sais, l'esprit légal s'obtient par la sagesse,
Sur la terre on combat, on naît pour la douleur,
Puis aux plus saints des saints, Dieu donne l'allégresse,
Dans les champs éternels, ce séjour du bonheur.

J. E. C.

Nous ne pouvons nous occuper ici de détails psychologiques. Dans un autre travail sur ce sujet, nous donnerons notre *triangulation si curieuse des âmes légales relatives* et des âmes *illégales relatives* dans leur filiation réciproque par *amélioration morale* et par *dégradation morale* jusqu'à l'apogée de *l'esprit légal*, et jusqu'à l'apogée de *l'esprit illégal*. C'est la formule *du bien et du mal* qu'ont dû connaître les anciens cabalistes, et qui, probablement, leur a donné l'idée de *l'ange déchu*. Cette formule nous a ouvert la voie de bien des idées bibliques et de philosophie ancienne que l'on ne sait expliquer ou dont on a oublié le sens véritable, par la cause d'un intérêt particulier à l'école cabaliste juive.

Toutes les philosophies religieuses ou scientifiques qui s'entourent de formules symboliques secrètes, qu'elles soient verbales, écrites, hiéroglyphiques ou algébriques, sont des branches plus ou moins savantes de l'école cabaliste de l'antiquité ; elles sont des branches de la cabale théologique ou des branches de la cabale hermétique. On ne confondra pas avec les philosophies cabalistes, des absurdités telles que : l'homœopathie, qui conduit les malades à l'engorgement des organes, par incurie ; la seconde vue du somnambulisme, obtenue au moyen de mots, d'attouchements ou de signes conventionnels, et les spirits, qui sont des immoralités si abominables, et qui portent un désordre si grand dans l'esprit et dans l'âme des personnes aimantes, que l'on voit journellement des gens crédules déifier des prophètes trompeurs, embrasser des bancs et parler à des tables qui recèlent, leur dit-on, les âmes de leurs proches, avec cette effusion, avec cette foi et cet amour filial ou maternel qui portent aux sanglots les plus amers et aux scènes les plus émouvantes, et il se trouve des hommes assez oisifs pour se plier, à l'aide d'un cahier de lettres indicatives, à remplir l'indigne mission d'intermédiaires ou de médiums de l'âme prétendue des morts et de celle des vivants, en faisant une religion vénérée d'une lâche jonglerie. Tristes reflexions, dirait Mme Deshoulières ; inutiles regrets, disons-nous !

Revenons : la spécialité de l'homme repose sur les caractères spéciaux suivants :

L'homme a : l'esprit philosophique jusqu'à la généralisation, la parole, les gestes, l'enregistrement, l'exécution de tous les projets, les mouvements physionomiques ayant une filiation avec l'intelligence, les sentiments et les instincts ; il est bipède et planté debout comme un monument de la plus pure symétrie. Tous les êtres qui possèdent ces caractères et des organes semblables, quelles que soient les différences de leurs propriétés physiques, ont *la spécialité humaine, dans une unité légale ;* ils sont donc égaux dans la loi de la genèse et devant les lois sociales et internationales, quels que puissent être les hommes qui les aient faites.

L'unité des spécialités tient aux intelligences et aux organes semblables ;

L'espèce, aux seules propriétés physiques animales particulières de différence (1).

Ce que nous allons démontrer, dans un tableau partiel de la genèse des espèces bimanes et des espèces quadrumanes, par leurs rapports réciproques de spécialité et de spécificité ; on y verra ce que c'est que l'unité et la pluralité de spécialité, et ce que c'est que les spécificités différentes.

---

(1) Pour qu'il y ait espèce, il faut qu'il y ait *unité de formation.* L'unité dans l'espèce est ce que nous nommons spécificité. *La spécificité est le résultat de l'équation animale.* Nous disions à la page 85 de notre *Morphologie,* deuxième partie, 1er juillet 1850 : « Faisons-nous une idée des éléments abandonnés à eux-mêmes sans règles de direction ; pourraient-ils se transformer régulièrement pour former *des unités, comme le cheval, le cerf, l'homme ?* Non ! » L'unité dans *l'espèce en elle-même* est la spécificité, on le voit ! L'unité dans *l'espèce en dehors d'elle-même* ne peut être que l'unité de spécialité ou de relation. Quant à *l'unité de l'espèce des méthodistes,* nous démontrerons plus loin que c'est une étape de la science qui doit s'améliorer encore, et que toutes les variétés humaines ne peuvent pas se fondre par unité dans *l'espèce en elle-même* par progression omaimienne.

TABLEAU PARTIEL DE LA GENÈSE DES ESPÈCES BIMANES ET DES ESPÈCES QUADRUMANES DÉMONTRANT LEURS RAPPORTS RÉCIPROQUES DE SPÉCIALITÉ ET LEURS DIVERSES SPÉCIFICITÉS.

Progression générale des vertébrés.

Progression distributive des mammifères.

Progression ordinale des bimanes.

Progression ordinale des quadrumanes.

Unité de spécialité.	*Unité de progressions spécifiques.*	
Progression spéciale des hommes.	1re progression spécifique des hommes blancs.	Progressions omaimiennes.
	2e progression spécifique des hommes rouges.	Progressions omaimiennes.
	3e progression spécifique des hommes jaunes.	Progressions omaimiennes.
	4e progression spécifique des hommes noirs.	Progressions omaimiennes.
	1re espèce de progressions.	
1re progression spéciale des singes proprement dits.	1re progression spécifique des orangs.	
	2e progression spécifique des gibbons.	Progressions omaimiennes.
	3e progression spécifique des guenons, etc.	
	2e espèce de progressions.	
2e progression spéciale des ouistitis.	1re progression spécifique des ouistitis.	Progressions omaimiennes.
	2e progression spécifique des tamarins, etc.	
	3e espèce de progressions.	
3e progression spéciale des makis.	1re progression spécifique des makis proprem^t dits.	
	2e progression spécifique des indris.	Progressions omaimiennes.
	3e progression spécifique des loris	
Pluralité de spécialité	*Pluralité de progressions spécifiques.*	

Ce tableau fait ressortir d'une manière définitive et inattaquable *l'unité de spécialité des bimanes* en présence de la *pluralité de spécialité* des quadrumanes. — Cette opposition physiologique et naturelle (entre des êtres qui ont des rapports organiques), portant sur l'unité et la pluralité de leurs spécialités, n'est-elle pas une prévoyance spirituelle de la loi, qui a séparé ainsi : *l'esprit des hommes, de l'instinct des animaux.* — Tous les hommes sont égaux dans la loi de la nature; *la loi, c'est la spécialité.*

L'esprit de la loi se montre dans la spécialité d'être *homme intelligent* ou de ne pas être *animal instinctif et sans raisonnement.* — Les spécialités annoncent les qualités de l'intelligence ou de l'instinct pur. — Les spécificités, les qualités physiques, les propriétés animales de l'espèce morte ou vivante.

Les variétés humaines qui, d'après ce que les méthodistes en pensent, rentreraient dans notre progression omaimienne ou de frères et de sœurs, ce qui est impossible, parce que dans la nature les omaimiens ne changeant pas de couleur, devraient laisser découvrir l'espèce primitive dans ce cas, chez l'une de leurs variétés; le cheval l'offre bien. L'homme est donc de plusieurs espèces formant une unité de spécialité

L'unité chez l'homme se dégage de la spécialité humaine.

A n'en plus douter, le méthodisme systématique de Linné, si éloigné de la loi naturelle de la genèse, a paralysé le progrès des connaissances relativement à la nature de l'homme.

C'est réellement le spectacle le plus intéressant auquel on puisse assister, que de suivre pas à pas, à travers les âges, les idées que l'homme a eues successivement sur lui-même, et cela fait naître un profond étonnement, d'être obligé de conclure en 1862, après soixante siècles et plus peut-être de science, *qu'il ne se connaît pas encore ;* et ce· pendant tous les siècles se sont occupés de l'homme, tous les savants aux diverses époques ont fouillé les chairs de l'homme, les ossements de l'homme, le cerveau de l'hom-me, l'intelligence et l'âme humaines. La physiologie peut tout découvrir en *s'étayant sur la loi ;* la vraie physiologie commence avec *la découverte de la loi naturelle!* L'anatomie ne fait connaître que la nature brutale des organes; la physiologie spéciale, leurs fonctions; l'expérimentation sans la loi ne conduit qu'à l'erreur ou à la simple observation du fait sans l'expliquer en lui-même.

La formule de Descartes : *Je pense, donc je suis,* pas plus que celle de M. de Bonald : *L'homme est une intelligence servie par des organes,* ne nous dit rien sur la nature de l'homme, sur ce qu'est l'homme : cercle fatal où tous commencent et où tous finissent pour s'y perdre tous, en oubliant la loi! Oui, cercle fatal ; car sans l'égide de la loi naturelle, de la vraie loi, toute action et tout raisonnement ont une destinée aveugle.

L'idée partie du méthodisme ne peut qu'aboutir au méthodisme, et le méthodisme systématique n'est pas la physiologie, n'est pas la nature.

Buffon, toi qui fus le peintre de notre âme, de notre intelligence et de notre animalité, comment n'as-tu pas découvert la spécialité humaine ? Tu n'as compris les variétés de l'homme que dans l'espèce, et *l'espèce est notre animalité !*

M. Flourens l'a constaté dans sa remarquable histoire de tes remarquables travaux :

« L'anthropologie est née d'une grande idée de Buffon. Jusqu'à Buffon (dit M. Flourens) on n'avait étudié dans l'homme que l'individu ; Buffon est le premier qui, dans l'homme, ait étudié l'espèce. » Buffon a généralisé les études particulières, mais en rapportant les diverses variétés de l'homme à l'espèce, il les concentrait toutes vers une *unité fixe ;* il n'a pas été plus loin que l'espèce, il n'était pas méthodiste, et sans parler de l'unité, dont il ignorait sans doute l'importance, car il n'était pas plus physiologiste que méthodiste, il créa sans s'en douter cette unité, si précieuse, sous l'influence de la légende biblique d'Adam.

La physiologie française lui doit certainement l'idée *intuitive de l'unité.*

Il est évident que Blumenbach a dû lire Buffon, dont les œuvres d'histoire naturelle avaient remué toute l'Europe savante. « M. Blumenbach savait tout (rapporte M. Flourens dans son bel éloge de cet homme célèbre) ; il savait tout ; il avait tout lu : histoires, chroniques, relations, voyages, etc. »

Ainsi Blumenbach savait que Buffon avait rallié toutes les variétés des peuples à l'espèce. De l'idée d'espèce de Buffon à celle *d'unité du genre humain* de Blumenbach, il n'y avait qu'un pas : Blumenbach sut le franchir. Ce qui fait dire à M. Flourens dans un langage si pittoresque (1) : « Mais l'idée, la grande idée qui règne, qui plane, qui domine partout, dans les belles études de M. Blumenbach, est l'unité de l'espèce humaine, ou, comme il s'exprimait encore, du genre humain. M. Blumenbach est le premier homme qui ait écrit un livre avec ce titre exprès : *de l'Unité du genre humain. L'unité du genre humain* est le grand résultat de la science de M. Blumenbach, et le grand résultat de l'histoire naturelle tout entière (2). »

Les idées de M. Blumenbach sur l'unité ne constituent *qu'une première étape* de la science.

L'étape de l'unité de l'espèce, car l'unité dans le genre ne voudrait rien dire, comme le fait très-bien sentir M. Flourens, note de l'*Éloge* : « M. Blumenbach dit genre humain, dit-il, nous disons aujourd'hui et beaucoup mieux ; *espèce humaine.* » Il possède une si religieuse conviction pour l'unité, qu'il s'écrie dans son nouveau livre de phy-

---

(1) Nous parlons souvent de M. Flourens dans ce Mémoire, d'abord parce qu'il écrit si bien que nous aimons à le citer ; secondement, il est *le seul physiologiste qui ait le plus étudié la question de l'unité,* qu'il a envisagée sous toutes ses faces. Malheureusement, la loi naturelle de la genèse n'était pas encore publiée ; il ne pouvait donc, au milieu du méthodisme, que la placer dans l'espèce. Mais il comprend l'unité de l'espèce, nous le voyons bien, comme si elle était dans la spécialité ; il n'y a que la loi qui lui manque. C'est pour *cette manière d'envisager l'unité,* que nous admirons depuis bien longtemps ses propres œuvres, nous qui avions découvert la loi naturelle de la genèse.

(2) Discuter un point de physiologie, c'est étudier une idée légale qui présente encore à notre esprit certaines obscurités.

siologie comparée et d'ontologie : « *On serait honteux
d'admettre qu'il y eût plusieurs espèces humaines;* » eh
bien, pour nous, M. Flourens *appelle espèce* ce que nous
nommons spécialité. Oui, nous le disons nous-même avec
lui: on serait honteux de croire qu'il existât plusieurs spécialités humaines. Voilà le progrès que nous avons intro-
duit dans la science : c'est l'unité de spécialité au lieu de
l'unité de l'espèce. On le voit, M. Flourens touche, par ses
paroles, à la spécialité de l'homme; c'est la loi et l'expression de la loi évidemment qui lui font défaut, au milieu
de la confusion du méthodisme de l'époque; car il a décrit sur l'unité avec justesse tout ce qui se rapporte à la
vérité physiologique.

*L'unité des spécialités est formée de caractères sem-
blables.*

*L'unité dans l'espèce, parmi les espèces, est formée
de caractères* ou de propriétés de différence en équation
particulière; l'espèce est une unité, une équation animale. Le mot espèce est le terme symbolique qui exprime
l'équation animale; les propriétés de l'espèce sont celles de
la partie animale de l'homme particulièrement individu.

C'est pourquoi l'unité de l'espèce n'est que la première
étape de la science.

La seconde et dernière étape (1) de la science, à ce sujet,
est celle de *l'unité de l'homme collectif dans la spécialité
humaine;* et alors tous les individus qui ont la même spécialité organique, ont une unité de spécialité humaine parce
qu'ils ont des caractères spéciaux semblables.

_____

(1) Cette seconde étape n'appartient plus au méthodisme systématique, mais à la période physiologique, étant l'expression de la
loi naturelle.

Les six propriétés légales de la genèse sont : 1° la tonalisation ; 2° la spécification, 3° la spécialisation, 4° l'ordinalisation ; 5° la distribution ; 6° la généralisation. Nous les avons découvertes et nous reconnaissons leur application physiologique particulière : c'est bien naturel.

1° La tonalisation caractérise la progression des frères et des sœurs dans l'espèce, la progression tonique ou omaimienne.

2° La spécification caractérise la progression spécifique ou de tous *les individus semblables dans leur différence particulière*, sous le point de vue purement animal de leurs propriétés physiques propres et individuelles.

3° La spécialisation caractérise la progression spéciale, ou des *spécialités semblables*. Cette progression spéciale dénonce les caractères spéciaux organiques, et enfin les caractères spéciaux de l'âme intelligente pour l'homme collectif et de l'âme instinctive imperfectible pour les animaux, qui correspondent aux mœurs.

Lorsque les spécialités sont semblables dans la progression spéciale, il y a unité de spécialité ; c'est ce qui arrive pour les espèces humaines : leurs spécialités sont semblables, bien qu'il y ait quelques petites différences insignifiantes, pour marquer la progression des spécialités ; elles sont si peu importantes qu'il existe réellement une *vraie unité de spécialité humaine.*

L'âme et les organes offrent les caractères de l'unité de spécialité chez les hommes, et de *la pluralité de spécialités chez les quadrumanes.*

Les propriétés physiques seules, telles que la forme plus ou moins étirée de telle ou telle partie, la couleur particulière des différentes parties, la disposition des ornements naturels du corps, offrent les caractères de chaque espèce humaine et de chaque espèce animale.

C'est bien clair.

La découverte de l'unité dans la spécialité constitue donc notre œuvre particulière d'amélioration de cette impor tante question de l'unité. C'est le résultat final des principes de la science anthropologique, résultat que M. Flourens avait fait entrevoir en poursuivant avec tant de persévérance et tant d'habileté, l'idée d'unité de l'espèce humaine (1).

(1) Dans l'état sauvage, les espèces animales supérieures ont seulement deux pigments différents pour la totalité de la peau : c'est le pigment noir ou le pigment blanc-rosé ; mais pour les poils, les plumes, les caroncules, les cires, les tubercules, les crêtes, les écailles, et certaines parties localisées de la peau, ils offrent toutes les couleurs chromatiques pigmentales, de même que les espèces inférieures à partir des poissons. Les espèces humaines présentent quatre pigments différents principaux pour la totalité de la peau : le blanc-rosé, le rouge, le jaune et le noir. Ce sont les pigments différents qui constituent chez les espèces animales, et dans la partie animale des espèces humaines, avec certaines formes particulières et aussi certaines dispositions propres, les principaux caractères spécifiques. La répartition des couleurs pigmentales qui tiennent à la nutrition locale, est produite par une cause intérieure, que nous nommons *cause spectrale*. Dans la culture, la cause spectrale est influencée par la nourriture, les émanations délétères ammoniacales et carboniques. et par un milieu de lumière diffuse qui développent le lymphatisme. Le lymphatisme est donc la mesure en quelque sorte de la dépravation de la cause spectrale naturelle, qui, en domesticité, se pervertit jusqu'à produire les diverses couleurs chromatiques chez les frères et sœurs d'une même portée ou d'une même descendance. La couleur fixe à travers les siècles et en liberté est une preuve de l'état naturel de la cause spectrale et de sa force d'activité organique. Les lapins domestiques, de toutes couleurs, remis en liberté reprennent dans leurs descendants la couleur que leur avait donnée la loi de genèse par l'intermédiaire de la cause spectrale intérieure. Le coq et la poule dits nègres, produits par la domestication, ne sont point nègres ; ce sont des animaux

Maintenant peu importe l'unité de l'espèce chez les hommes, puisque tous les hommes sont également et uniquement spéciaux. *Il est donc vrai que l'unité de l'espèce n'existe pas, elle ferait tort à l'unité de spécialité;* il y aurait une confusion que la loi naturelle s'est chargée d'éviter.

Les études sont libres maintenant, aucun nuage n'obscurcit plus l'horizon de la science, qui va marcher à grands pas vers la solution du nombre des espèces, du nombre des races pures, et de celui des races métisses.

D'après ce qui précède, il est évident pour tout le monde philosophique, qu'il y a concordance entre l'idée d'unité de l'homme, professée avec tant d'éclat par MM. Blumenbach, Flourens, Serres, Milne-Edwards, de Quatrefages, etc., et l'idée de pluralité des espèces humaines proclamées également par un grand nombre d'auteurs éminents.

L'unité (1) se découvre dans les mœurs de tous les hommes, de l'état sauvage à l'état civilisé, dans ces deux états même, et dans les caractères organiques spéciaux à tous les hommes.

La pluralité se voit si brutalement dans les caractères

entachés de mélanisme; ce sont des mélanos comme d'autres sont des albinos! Qu'on se rappelle bien que le plumage, quoique devenu blanc chez les animaux, si la peau est restée de la couleur naturelle, ne peut constituer l'albinisme. C'est la peau devenue blanche seule qui constitue cet état, et réciproquement. Tout est là.

(1) Les espèces humaines, nous le répétons, offrent l'unité des caractères spéciaux organiques et l'unité intellectuelle, sentimentive et instinctive, et, par suite, l'unité de mœurs ou morale ; d'où *l'unité organique et morale.* La spécialité est le résultat de la proportion de l'âme et des proportions organiques; la spécificité, celui des propriétés physiques de différences particulières à l'animal dans son état équationnel spécifique; il ne faut donc pas confondre *l'esprit et la bête en elle-même.*

spécifiques organiques et physiques de différence des divers groupes humains, et ils ont été si fixes, si constants dans les siècles, que l'un et l'autre de ces deux faits ont eu leurs défenseurs sincères et en auront toujours.

La conscience leur disait de ne pas sacrifier au faux dieu leur idée particulière. Chacun voyait par son sentiment, et le débat aurait duré aussi longtemps que l'homme lui-même, si *la révélation des six propriétés de la genèse* et *l'exposition de la loi divine d'harmonie* n'étaient venues offrir aux savants pleins de surprise, la preuve physiologique, par la loi naturelle, *de la concordance de ces deux idées réelles et de leur vérité réciproque* ; le méthodisme et la légende obscure de Moïse ayant été les seules causes occasionnelles de la divergence des auteurs.

Les espèces humaines.

Forcer la nature à se plier au méthodisme systématique, voilà la grande faute de Linné. Le cadre méthodique de Linné est le paganisme scientifique; c'est le règne de Jupiter gouvernant les dieux supérieurs, les dieux inférieurs et les dieux mitoyens de Platon, organisés en divisions, en classes, en ordres, en genres, sous-genres et espèces.

Ce n'est pas la genèse, la vie qui commence à Dieu, c'est le matérialisme du fait de l'existence en elle-même, *c'est la vie dans le cercle sans commencement et sans fin* d'Aristote.

Ce n'est pas la vie dans le spiritualisme de la loi de la

genèse, c'est la vie dans le cercle restreint d'un *système humain* (1).

Puisque l'unité des variétés humaines est représentée d'une part, par les caractères spéciaux semblables de l'âme humaine, d'où découlent les mœurs semblables de l'homme collectif, et par les caractères spéciaux semblables d'organes identiques ; caractères semblables qui constituent ensemble l'unité de spécialité des hommes ;

D'autre part, que la spécificité, que l'espèce, cette autre unité, est caractérisée par les propriétés physiques de différence seules et particulières à chaque équation spécifique, que l'animal soit mort ou vivant, il est évident qu'il existe plusieurs espèces humaines ; car des propriétés physiques fixes, des caractères spécifiques qui se sont perpétués à travers les siècles, nous démontrent, sans réfutation possible, qu'il existe plusieurs espèces humaines blanche, rouge, jaune et noire ; peut-être en existe-t-il moins, peut-être en existe-t-il plus ; pour le reconnaître il est utile d'étudier le métisme humain.

Nous l'avons déjà dit : les diverses espèces humaines ont une égalité parfaite de spécialité dans la loi naturelle et dans la genèse ; le mulâtre est un être équationnel, il est légal, moitié l'un moitié l'autre : c'est le trait d'union et de fraternité spéciale entre des espèces particulières.

Il répugnerait au blanc d'être une dégénérescence du nègre ou des autres espèces.

Il répugnerait au nègre d'être une dégénérescence du blanc ou des autres espèces.

Le trait d'union, le métisme, n'est pas une dégénérescence.

(1) Le cadre méthodique de Linné a influencé toutes les études naturelles de la manière la plus défavorable.

Il n'est pas moral que le blanc, dans son orgueil, crie au nègre : « Tu n'es qu'un être déchu. » La plupart des nègres sont des paysans aussi bien que les habitants de nos campagnes ; et si le blanc disait au nègre : « Tu n'es qu'un corbeau, » (1) ou bien plutôt : « Tu n'es qu'un lapin noir », le nègre pourrait répondre au blanc : « Tu n'es qu'un merle blanc. » Voilà où conduit l'idée de dégénérescence.

Avant que la loi naturelle soit formulée par nous, tous les aperçus ne pouvaient être que vagues ; la loi physiologique rétablit les faits à leur vraie place et dans leurs caractères ; tout le monde est étonné alors d'avoir eu à peu près raison, et d'avoir contribué à édifier la vérité scientifique.

En admettant qu'une race humaine se soit colorée en noir, veut-on nous comparer à l'espèce cheval (par exemple), qui a pris, dans une domestication poussée à tous les extrêmes, les diverses sortes de couleurs? Eh bien ! la comparaison est fausse ; car chez le cheval il n'y a *que la couleur du poil, comme chez l'homme*, qui ait changé ; la peau est restée noire, chez le cheval, sous toutes ses robes de poils variés en couleur, et c'est précisément ceux des hommes qui ont été le moins domestiqués, les nègres, que l'on veut croire transformés du blanc au noir ; c'est donc une erreur. Mais, bien mieux : l'albinisme existe chez le blanc comme chez le nègre, et l'albinos du nègre n'est point un blanc, *le blanc étant blanc-rosé de peau.*

Le nègre a toujours été nègre ; il fut *congénésiquement*

____

(1) Car l'expression « tu n'es qu'un corbeau » indiquerait l'espèce fixe, et ce n'est pas ce que le blanc veut dire au nègre qu'il désire faire inférieur à lui.

nègre; il est *congénital·ment nègre* actuellement (1).

C'est une idée bien ancienne que celle de *l'action du soleil* comme agent de la transformation de la couleur de la peau humaine.

La teinte noire des nègres serait le résultat du *brûlement de la gélatine* (2), opéré par l'action des climats sur le corps muqueux de Malpighi, d'après Richerand (*Nouv. Elém. de Physiolog.*, t. 1, p. 474) : « Cette couleur, acquise, » dit-il, « par une longue suite de siècles, s'est perpétuée et se transmet par voie de génération ; elle demeure un des traits caractéristiques de la race nègre. » Quelle erreur de chimie et de physiologie! Cette croyance, éloignée de toute preuve expérimentale, est tirée des *Métamorphoses d'Ovide*, qui, lui-même, l'a probablement puisée dans les idées des classes sacerdotales de son temps.

Suivant Ovide, Phaéton ayant mal dirigé le char du soleil, qui lui avait été confié par son père, s'approcha si près de terre, *que les rayons du soleil colorèrent en noir la peau des Ethiopiens*. Richerand cite aussi Volney, qui prétend que les nègres tiennent leurs *traits saillants*, tels que leurs pommettes élevées et leurs grosses lèvres, de la *réverbération du soleil* qui leur fait faire la moue : la moue n'indique que le mécontentement ou le mépris (3).

(1) Ni le blanc, ni le rouge, ni le jaune, ni le noir ou nègre, ne sont le résultat de la lymphatification ; chacun a *sa cause spectrale intérieure congénitale et proportionnelle; le brûlement* du soleil n'y est pour rien.

(2) Nous avons démontré que l'élément susceptible de se colorer dans les tissus n'était pas de la gélatine, mais bien un hydrocarbure intérieur particulier à l'animal, et qui se colore plus et moins par oxydation ou par désoxydation sous l'influence solaire.

(3) Physionomie de relation (*Miroir de la Physionomie de relation*, page 58 (région labiale), *Morphologie humaine*, 29 juillet 1847, première partie, par J. E. Cornay.

Ces idées sont vagues et fausses. Nous demanderons alors ce qui a donné des traits saillants, semblables à ceux des nègres, à certaines races blanches du Nord. Si le soleil avait agi de cette manière, pourquoi certains singes ont-ils des parties de peau colorées des plus vives couleurs et les lèvres plates ?

Le papion à perruque a le visage *couleur de chair ; il vit en Ethiopie.*

Le mandrill a le *nez écarlate et les fesses d'une belle teinte violette ; il habite la Guinée*, etc., etc.

Pourquoi *les oiseaux, les félis*, et une infinité d'animaux *des pays chauds*, présentent-ils des plumages et des robes où se peignent *des colorations diverses si éclatantes ?*

On calomnie la loi de la nature, ou cette croyance de l'action du soleil est un mirage trompeur.

La preuve physiologique de la pluralité des espèces humaines est fournie par le *métisme* (1).

Physiologiquement : toutes espèces différentes d'une progression spécifique qui se croisent, fournissent des *métis* suivant le degré de pureté des antécédents paternels et maternels, suivant les quantités proportionnelles et progressionnelles de noir et de blanc des pères ou des mères, et ceci prouve les diverses espèces humaines.

Autrefois, ne voyant *aucune unité* dans l'espèce, *nous avons nié cette unité*, c'était juste ; mais il y a plusieurs années que nous l'avons *découverte dans la spécialité*, où elle existe réellement ; cette unité, nous la proclamons

(1) Physiologiquement : l'unité de l'espèce, la spécificité, est fondée sur les propriétés physiques particulières de différence ; donc il y a plusieurs espèces ;

L'unité de la spécialité, sur les caractères semblables ; donc il n'y a qu'une seule humanité dans les espèces humaines.

aujourd'hui que nos travaux sur la loi naturelle sont publiés et nous permettent d'en parler, c'est encore juste. Voici même ce qui fait que nous avions depuis longtemps pour grand devoir d'établir la concordance des vues des physiologistes au sujet de l'unité et de la pluralité des variétés humaines.

Les différentes colorations des animaux domestiques s'obtiennent à l'abri des rayons solaires dans la lumière diffuse.

La respiration pulmonaire ne peut s'effectuer chez l'homme et chez les animaux qu'entre des degrés thermo· métriques qui n'ont jamais permis au soleil de modifier, par *la seule intensité de ses rayons*, les tissus organiques de *l'homme blanc* en rouge, en jaune et en noir. Si cela était, *la loi de la genèse serait fausse et inutile*, et *la cause accidentelle* serait bien plus sérieuse qu'elle, *car elle deviendrait elle-même la loi.*

Ces colorations sont donc *congénésiques* ; elles sont le résultat des degrés d'oxygénation d'une matière colorante intérieure, proportionnelle chez chaque espèce et dans chaque organe; souvent proportionnelle dans certaines régions du corps, par une *cause spectrale* intérieure, *qui tient de l'appareil des vaisseaux lymphatiques* qui, d'après nos observations dans les maladies (1), établissent les *sympathies générales par les filets nerveux ganglion-- naires* qui les suivent; en sorte que les diverses colora tions d'un oiseau, par exemple, sont le *miroir hiéroglyphi- que* de son âme matérielle, formée de fluides organiques

____

(1) C'est par les vaisseaux lymphatiques que *l'utérus* a une corrélation nerveuse lymphatique avec les *mamelles*. La corrélation est bien plus évidente chez les femelles animales que chez la femme humaine.

proportionnels dans l'espèce et progressionnels dans les espèces de la progression spécifique.

Que de mystères dans la nature! Quelle connaissance importante que les *sympathies nerveuses organiques par les vaisseaux lymphatiques!* Quelle chose admirable que *l'action spectrale de l'âme matérielle*, comme cause *du chromatisme général dans l'économie*, par l'intermédiaire des filets lymphatiques !

La matière colorante intérieure est produite par les végétaux et assimilée et teintée par la nutrition dans chaque organe, pendant la genèse, la génération et la vie organique ; la lumière extérieure facilite la combinaison de l'hydrogène et du carbone chez les végétaux ; les animaux herbivores la trouvent toute préparée dans leurs aliments, les carnivores toute préparée dans les chairs des herbivores. Il y a diminution d'oxygène ou augmentation d'oxygène de la matière colorante, dans les organes qui prennent, dans leur vitalité, leurs types respectifs de coloration (1), sous l'action de la cause spectrale des fluides organiques et de la lumière solaire.

Les rayons solaires ne sont que *des adjuvants complémentaires* et *des auxiliaires* qui aident la circulation et les contacts.

On ne peut donc faire reposer les propriétés physiques du nègre sur le fait accidentel du lapin noir (2).

____

(1) *Mémoire sur les causes de la coloration des œufs des oiseaux et des parties organiques végétales et animales.* J. E. Cornay, Paris, 1er mai 1860.

(2) Les taches chez les animaux domestiqués sont souvent de plusieurs couleurs, comme les poils de plusieurs sortes; il en est de même chez les hommes. Ce sont des marques qui viennent des ancêtres paternels et maternels. Nous avons observé des taches de nègre chez des blancs, provenant de blancs et de nègres. *La cause*

On peut juger, maintenant, que les *propriétés physiques particulières de différence des espèces* (1) sont bien différentes de *caractères organiques spéciaux semblables particuliers* à ces mêmes espèces.

L'époque de la croyance aux métamorphoses est passée, les transformations de l'état d'ovule à l'état d'animal parfait sont connues, les vices d'état, produits par la cause accidentelle ou par la culture et la domestication, sont étudiés d'une manière générale.

Jehovah ne modela pas l'homme de limon comme un simple sculpteur. La genèse fut légale, physiologique, et par conséquent *ovulaire et vitelline*.

L'ovaire terrestre, à la première genèse, a eu des ovules progressionnels et proportionnels qui, après fécon-

spectrale est donc modifiée dans les alliances; ce qui le prouve, c'est la proportion des couleurs différentes particulières chez le même produit, relativement à celle du père et à celle de la mère, et aussi à celles de leurs ancêtres.

Les animaux inférieurs, les polypes, par exemple, se teintent à la manière des muscles ou de la peau, enfin à la manière des organes; chez eux cependant il ne doit pas y avoir de réduction, mais des oxydations, comme chez les espèces matériales, les métaux, par exemple, parce qu'ils n'ont pas de flavule ou matière colorante jaune provenant du foie. Ils n'ont que l'albinule de la digestion ou de l'absorption et qui se teinte par oxygénation.

(1) Nous avons observé au microscope que l'éclat métallique des plumes des oiseaux-mouches, des couroucous, etc., est produit par la pellicule épidermique luisante ou vitreuse qui comme un vernis recouvre la matière colorée chez ces oiseaux, tandis que les teintes mates ne sont pas recouvertes de pellicule épidermique aussi luisante et aussi vitreuse. Le reflet changeant de ces plumes est le résultat de l'incurvation des petits tubes ou poils qui bordent les barbes des plumes chez les couroucous, et qui se redressent en accolades chez les oiseaux-mouches, ce qui forme des effets particuliers suivant que la lumière tombe sur telle ou telle partie de l'incurvation; les poils des barbes ayant des teintes vives dans des tons différents.

dation, ont produit des espèces proportionnelles et progressionnelles, c'est-à-dire omaimiennes, de même que l'ovaire de la femme a des ovules proportionnels et progressionnels dont les produits sont en tonalités omaimiennes après la fécondation : voilà la vérité légale.

Toute genèse, toute génération organique, commence à l'ovule, continue par l'embryon et le fœtus. C'est de la nourriture, c'est de la profondeur des tissus organiques et de la nutrition que provient le produit qui se colore sous l'action solaire indépendante, quand la cause spectrale (1) intérieure manque, comme dans *la chlorose*, par l'effet du dérangement nerveux organique de la fonction de l'utérus, par exemple, ou de toute autre fonc-

(1) En liberté, à l'état sauvage, la *cause spectrale* produit le *type spectral* naturel de l'espèce, de chaque espèce, et même de chaque individu de chaque espèce par de légères différences pour ce dernier cas.

Le *type spectral* est caractérisé par la coloration externe et interne des différents organes chez le même individu.

Le *type spectral* externe est constitué par la coloration ou les colorations de la peau, des poils, des cheveux, des plumes, des écailles et de tout ce qui appartient à la peau.

On peut dire : chez cette espèce le *type spectral* est laid, insignifiant, fané, beau, magnifique, resplendissant ; suivant sa nature il est unicolore, bicolore, tricolore, quadricolore, quinticolore, sexicolore, septicolore et multicolore, ou bien encore, par exemple, *type spectral* : unicolore blanc-rosé, rose plus vif aux régions géniales; ou *type spectral* : région scapulaire rouge vif; région dorsale noire, etc.; ou : scapulaires rouges, dos noir, etc. Le *type spectral* est donc un élément de la diagnose de l'espèce. La carnation, qui est le teint de la peau chez l'homme, et le coloris, qui est celui des fleurs, des fruits, des plumes, etc., tiennent à la *cause spectrale* et au *type spectral*. Chaque espèce humaine a la prérogative de conserver le *type spectral* naturel de sa peau unicolore de l'état sauvage à l'état civilisé; les siècles et les climats n'ont pu le modifier, les alliances seules l'affaiblissent ou le renforcent de ton, lorsqu'elles se font entre des espèces humaines différentes.

tion; le soleil ne peut rien sur la matière colorante, qui reste légèrement jaune-verte dans toute l'étendue de la peau. Nous avons un pôle génital, c'est-à-dire qu'il existe positivement un sens génital chez l'homme et chez les animaux. Ce sens a des relations par les nerfs organiques seuls avec la *cause spectrale.*

La cause spectrale n'appartient pas aux nerfs dits sensibles, mais bien aux nerfs ganglionnaires; plus tard nous irons plus loin.

D'après ce qui précède, nous dirons : l'enfant blanc est blanc (1) dans le sein de sa mère blanche.

L'enfant nègre est nègre dans le sein de sa mère nègre.

C'était la même chose dans l'ovaire terrestre à la première genèse.

Si l'on veut connaître la genèse primitive de l'homme collectif, il faut en rechercher un exemple physiologique analogue dans la reproduction chez les femelles : *la loi a toujours été la loi; la loi sera toujours la loi.* Cette considération fait partie de notre méthode, pour aller en avant : nous la livrons avec plaisir; mais tout le monde n'est pas appelé par son organisation à pouvoir s'en servir.

La loi sera toujours la loi; c'est la sagesse! Soyons donc sages, écoutons la loi de la nature, en laissant de côté le roman de nos préjugés.

______

(1) Par le fait, l'enfant naissant est rose-rouge de peau, et ne prend sa couleur blanche que peu à peu et longtemps après, et cela par l'action de la lumière; ses yeux se teintent davantage, et les couleurs particulières des organes se développent par l'âge chez toutes les espèces jusqu'à ce qu'elles soient adultes. L'homme blanc n'est pas blanc, mais blanc-rosé.

A la première genèse, les œufs humains attachés à chaque masse albumino-membraneuse-ovarienne avaient leur vitellus, ce qui est enseigné par les œufs des oiseaux, ceux' des batraciens et des autres animaux ovipares. La première genèse fut ovulo-vitelline ; actuellement la femme remplit le rôle d'un vitellus ainsi que toutes les femelles à placenta. Voilà de la physiologie par déduction !

Les flaques d'eau où séjournaient les masses albumino-membraneuses-ovariennes à la première genèse avaient 32 degrés de chaleur environ, car c'est la température de l'eau de l'amnios favorable au développement de l'embryon et du fœtus chez les mères actuelles.

L'ovaire de la première genèse a porté les animaux et les hommes un temps en relation proportionnelle à celui que portent actuellement les femelles animales et les femmes humaines. Voilà la véritable et seule donnée physiologique qui nous indique l'époque de la genèse des espèces humaines, relativement à celle des espèces animales et végétales.

Tous les animaux qui portent de 0 à huit mois, sont venus avant l'homme ; la vache, portant neuf mois, a eu sa genèse contemporaine de celle de l'homme. Ces ruminants ont joué avec l'homme dans leur enfance ; ils se sont habitués à vivre ensemble.

Après les espèces humaines sont nés les animaux qui portent de neuf à vingt mois, terme maximum des portées, tels que : l'hippopotame, de dix à onze mois (on n'est pas encore bien sûr du temps fixe de portée chez l'hippopotame) ; le cheval, onze mois ; la girafe, douze mois ; le rhinocéros, seize mois ; et l'éléphant, vingt mois.

L'éléphant est venu le dernier ; sa masse animale le

voulait. Les hommes ont donc pu être témoins de la genèse des grands animaux, et des bouleversements successifs et partiels du globe terrestre.

Voilà encore de la physiologie par déduction ; nous n'ajouterons rien que ces mots : C'est la nature prise sur le
fait (1).

Le méthodisme, le paganisme et la théocratie ancienne
ont porté un coup si funeste à la science en éloignant
les savants actuels de la physiologie pure, que les diverses écoles de l'Europe ont un encyclopédisme plein de
confusion. On ignore partout la loi naturelle de la genèse,
et, au lieu de chercher à la découvrir, on s'est jeté çà
et là dans le méthodisme des systèmes humains, entachés de théocratie et souillés de matérialisme. Cuvier lui-
même a dit que tout ce que l'on tenterait pour en sortir
serait vain.

Chacun a créé son système méthodique ; chacun a eu,
à la place de la loi naturelle, un autel et son faux dieu
particulier, un cadre méthodique et sa doctrine particulière ; on adorait son système et on le faisait adorer. Les
hommes, comme de grands enfants, jouaient au système ;
le système était un jeu. La confusion est si grande que
les professeurs les plus instruits de nos hautes écoles ne
peuvent se dégager et sortir du labyrinthe du méthodisme. Si le méthodisme a eu ses commérages, maintenant
on ne pourra plus toucher à la loi et s'élever contre elle.

*Le grand jour de la purification de la science est
venu ; l'esprit de la nature s'est révélé à l'école française,*

(1) L'arche de Noé doit être la formule algébrique cabaliste qui
renfermait tous les animaux avant leur genèse. Nous n'avons pas pu
encore la résoudre, mais nous sommes sur la voie. C'est l'image
de l'ovaire terrestre de tous les animaux.

qui, assise désormais sur le socle inébranlable des tables de la loi divine, *est faite majeure !*

Les principes puisés dans l'esprit même de la loi naturelle seront à jamais, comme parole universelle, universellement répandus et écoutés avec amour. Ce, précisément, qui nous donne l'autorité d'un juge pour améliorer tout ce qui tient à la définition et à l'étude de l'homme, c'est que nous avons découvert la loi de la genèse.

Parallèle des caractères qui conduisent l'homme à l'unité de spécialité et des caractères qui le conduisent à la pluralité de spécificité.

Dans l'homme, deux faits doivent être étudiés · *la spécialité et la spécificité.*

De la spécialité découlent les mœurs.

De la spécificité se déduit l'espèce d'équation animale.

En d'autres termes :

Des caractères organiques spéciaux (1) découlent les mœurs.

Des propriétés physiques particulières découle l'espèce; *l'esprit et la bête* sont ici en présence !

« Quoique l'orgueil de l'homme (dit Linné) puisse être blessé d'être rangé parmi les animaux, il n'en n'est pas moins *un animal*, il est vrai, intelligent, qui, dans le *système* de la nature, est à la tête de son ordre. »

Chez l'homme, qui a la majestueuse *faculté d'être philosophique*, l'intelligence s'est presque toujours révoltée

____

(1) Ils sont proportionnels à leur cause, c'est-à-dire à l'âme matérielle.

contre la partie purement animale ; il n'a jamais voulu consentir à être un animal plus ou moins raisonnable ; il n'a vu, en lui, le plus souvent, que son âme et son intelligence ; il s'est constamment trompé sur lui-même, il s'est plu à se diviniser, à se faire adorer. Ce fut Calisthène, neveu d'Aristote, qui empêcha les Macédoniens d'adorer Alexandre le Grand comme un dieu à la manière des Perses (F). Alexandre, qui le haïssait à cause de son *humeur inflexible* (1), trouva le moyen de se venger et de se défaire de lui, en l'enveloppant dans la conspiration d'Hermolaüs, ce disciple de Calisthène, *et le fit exposer aux lions.*

Malgré tout cet orgueil, l'homme n'est rien de plus qu'un mammifère, arrivant au monde par la même génération et mourant par les mêmes maladies que les mammifères. Pour atteindre à la moralité et à l'intelligence absolues, il a besoin d'un travail de tous les instants et même de tous les siècles. Il n'existe pas d'animal qui suive aussi mal les lois naturelles, par rapport à lui-même, en sorte que dans toutes les sociétés qu'il forme, l'homme est obligé de faire des règlements pour retenir l'*homo sapiens* de Linné.

L'homme étant un mammifère a donc suivi dans sa genèse primitive et suit encore dans sa reproduction la même *loi de génération que suivent les autres mammifères, la loi des proportions et des progressions;* c'est, en effet, ce qui est... *Il y a plusieurs espèces humaines animales.* Dans la production de l'espèce ou de l'homme considéré comme équation animale, *la fécondité n'y est pour rien, les matériaux pondérables et impondérables par quantités proportionnelles sont tout;* ces quantités produisent les pro-

(1) Sa conscience.

priétés différentes lorsque les quantités sont différentes ; les espèces différentes en sont le résultat.

Les nuances graduées, *les intermédiaires suivis* de Blumenbach ne peuvent influencer la *production des espèces*, mais ils indiquent positivement et *leur pluralité omaimienne et leur pluralité spécifique.*

Ces nuances graduées, ces intermédiaires suivis qui ne font de tous les hommes *que le même homme* suivant Blumenbach, ce qui est *contraire à la loi génésique*, ne peuvent servir à établir *l'unité de spécialité*, puisque l'unité de spécialité tire sa source de *caractères organiques spéciaux exactement semblables*, existant chez des *êtres particuliers*, différant par des *propriétés physiques particulières de différence.*

La *fécondité continue* entre les espèces humaines et entre les espèces animales, est la preuve physiologique qu'elles possèdent des caractères organiques spéciaux semblables, bien que pouvant avoir des rapports spécifiques de différence.

Ce sont même les caractères spécifiques de différence trop éloignés, qui sont la cause que l'âne et la jument produisent un hybride infécond dans sa descendance.

Les caractères spéciaux sont la preuve physiologique qu'il existe plusieurs espèces ou qu'il en a existé plusieurs. La progression spécifique ne peut pas faire défaut à la progression spéciale, pas plus que la progression spéciale à la progression spécifique.

La fécondité continue entre plusieurs espèces est *la condition même* de la progression spécifique. C'est la preuve physiologique qu'ils forment une progression spécifique d'espèces ayant des propriétés physiques de différence,

conjointement avec des caractères organiques spéciaux
semblables.

Les savants qui veulent faire ressortir *l'unité des hommes, ne peuvent l'obtenir que dans la loi naturelle,* et
par conséquent que *de leurs caractères spéciaux organiques semblables,* qui tiennent à leurs mœurs et non des
caractères spécifiques de différence, qui caractérisent les
espèces animales particulières par *des propriétés physiques différentes.*

M. Flourens a dit, avec juste raison : « Un intervalle
profond, sans liaison, sans passage, sépare l'espèce humaine (1) de toutes les autres espèces; aucune espèce
n'est voisine de l'espèce humaine, aucun genre, même
aucune famille : l'espèce humaine est seule. » (*Eloge de
M. Blumenbach.*)

Admettant qu'il ait dit : « Un intervalle profond, sans
liaison, sans passage, sépare la spécialité humaine de toutes les autres spécialités: aucune autre spécialité n'est
voisine de la spécialité humaine, aucune progression spécifique, aucune progression spéciale : la spécialité de
l'homme est seule; »

*Il eût découvert l'unité dans la spécialité, ce qui était
réservé à son admirateur, et pour la seule gloire du
maître qui lui a ouvert la voie.*

Si, dans *la première étape* de la science anthropologique, Buffon avait *l'intuition,* la perception intérieure *de
l'unité de l'homme dans l'espèce,* M. Flourens, dans *la
seconde et dernière étape de cette science, a eu l'intuition,*

____

(1) Lisez *spécialité humaine,* car on voit bien que c'est le mot
seul qui manque à la science, puisqu'il décrit la spécialité sous le
nom de l'espèce.

la perception intérieure de *l'unité de l'homme dans la spécialité.*

Sans le méthodisme systématique de Linné, savoir : l'espèce, le genre, la famille, l'ordre, la classe, la division, le règne, qui pesait comme un lingot de plomb, sur les idées des savants;

Sans le retard apporté par nous à la publication de la loi naturelle et des *six propriétés légales de la genèse, l'intuition absolue* de M. Flourens (1), exprimée par l'idée relative de *l'unité dans l'espèce,* se transformait, sous sa puissante appréciation, en une réalité scientifique absolue de premier ordre, savoir : *l'unité dans la spécialité humaine, cette dernière étape* de la science anthropologique.

Que de disputes, que de discussions, que de livres, que de travaux préparatoires il a fallu aux savants pour arriver à la connaissance *de l'unité de spécialité humaine !* trois mille cent quatre-vingt-treize ans et plus peut-être d'idées obscures (2), cent vingt-huit ans de débats scientifiques, en les faisant partir de Linné.

Que deviennent maintenant tous les *travaux antérieurs* à la découverte de l'unité dans la spécialité, ceux de

(1) Il est évident, pour tous ceux qui connaissent la question, que M. Flourens a fait à lui seul plus que Buffon et que Blumenbach, qui restèrent dans le sentiment, comme appréciation, et qu'il doit être considéré par ses idées physiologiques sur *l'unité de l'espèce,* comme formant une station scientifique d'un degré bien supérieur à celles de ces deux si célèbres devanciers, ce qui prouve que l'anthropologie sans la physiologie n'est que confusion.

(2) En admettant que les idées obscures *sur l'homme animal* commencent à la naissance de Moïse; mais elles doivent remonter plus haut. Pour la partie spirituelle de l'homme elle fut connue dès la plus haute antiquité; on connaissait bien tout, l'incarnation l'indique, mais le procédé de genèse manquait, ou l'on ne voulait pas l'expliquer publiquement. C'était du limon que l'albumine animale.

Buffon, par exemple, sur les variétés de l'espèce humaine, qui ont été si admirés? Ils deviennent *de simples renseignements* pour l'étude secondaire des diverses espèces, et pour l'étude tertiaire des races pures et métisses.

Laissons de côté, à présent, nous en prions tous les savants, ces mots impropres *de race caucasienne, de race américaine, de race sémitique, de race éthiopienne,* maintenant que nous possédons les premiers mots, les mots les plus utiles de la science anthropologique, *unité de spécialité, pluralité des espèces.*

Renfermons nos études dans la physiologie pure, étudions les hommes blancs, les hommes rouges, les hommes jaunes, les hommes noirs, dans leurs espèces particulières, étudions leurs races pures et leurs races métisses, et la science sera bientôt entière pour *la glorification de l'école de France.*

La loi naturelle, immuable par son esprit universel, dans la générosité de sa généralisation, de sa distribution, de son ordinalisation, de sa spécialisation, de sa spécification et de sa tonalisation, a dévoilé les six propriétés de la genèse.

Aussi la science anthropologique *s'est établie d'elle-même sur sa base physiologique,* le chaos *des vues incomplètes* s'est débrouillé, et l'école française a remporté *la victoire philosophique.* Elle est devenue *l'esprit* des savants du monde, elle sera *la tête* des peuples ! Dieu l'a faite *intelligence dans l'esprit humain,* tous les esprits philosophiques la suivront.

Ce qui se présente d'abord à la pensée du physiologiste, qui veut étudier les êtres organisés, c'est de les envisager en même temps dans leurs caractères organiques généraux, distributifs, ordinaux et spéciaux, dans leurs facultés d'intelligence, de sentiments, d'instincts et dans les mœurs proportionnelles qui en découlent.

Ces êtres organisés que voici, dit-il, en voyant les diverses variétés humaines, appartiennent à la *progression générale* des vertébrés, à la *progression distributive* des mammifères, à la *progression ordinale* des bimanes, à la *progression spéciale* des hommes, car ils ont des vertèbres, ils ont des mamelles, ils ont seulement deux mains.

Ils ont l'intelligence, les sentiments, les instincts, la parole et les mêmes mœurs de l'état sauvage à l'état civilisé, enfin les mêmes organes (1); c'est-à-dire *les mêmes caractères spéciaux de l'âme et des organes.*

Il voit qu'ils sont ou blancs, ou rouges, ou jaunes, ou noirs, qu'ils ont chacun des caractères spécifiques, particuliers de différence ; ils forment donc, dit-il encore, une *progression spécifique.*

De plus, les hommes ou blancs, ou rouges, ou jaunes, ou noirs, se perpétuent par une descendance, dont les individus offrent certains rapports fugaces de différence.

Il en conclut que chaque espèce d'hommes forme, par sa descendance, une *progression tonique* ou omaimienne, c'est-à-dire, de fils *frères et sœurs*, en tonalités particulières.

Ainsi, ce n'est pas de la *spécificité* que le physiologiste remonte dans cette étude à la *généralité*, mais bien de la *généralité* qu'il descend d'un pas sûr vers la *spécificité.*

Il rencontre sur cette route légale la *spécialité.* Les

----

(1) Plusieurs caractères spéciaux organiques précèdent les caractères spécifiques et apparaissent dès l'origine de l'état fœtal, tels que les caractères spéciaux tirés des ossements, les deux pieds, la brièveté des maxillaires, la forme de l'appareil génital, etc.

hommes, proclame-t-il, *sont semblables par l'âme, sembla-bles par les organes*, et *semblables par les mœurs !*

Les hommes présentent donc une *unité de spécialité.*

Ainsi, avant d'avoir étudié les caractères *spécifiques de différence*, qui marquent *le rang des espèces et les espèces*, c'est-à-dire *le degré d'animalité*, le savant a pris con-naissance de *l'unité de spécialité humaine*, et quoiqu'il remarque bien que chaque être humain a sa spécialité par-ticulière, il voit également bien que les diverses spécia-lités des êtres humains *sont semblables*, ce qui constitue l'unité de spécialité humaine.

Caractères d'unité de spécialité offerts par les diverses espèces humaines.

CARACTÈRES SPÉCIAUX ORGANIQUES QUI COMMENCENT A APPARAITRE
AU DÉBUT DE L'ÉTAT FOETAL.

1° Ampleur totale de la sphère du cerveau.

2° L'œil ovale, l'oreille plissée, la langue courte, large et molle, pour aider à l'articulation des voyelles, des con-sonnes et des syllabes.

3° Peau dépourvue de poil, excepté à certaines régions.

4° Absence de queue chez tous les bipèdes.

5° Appareils génitaux semblables chez tous.

6° Absence complète des os intermaxillaires ; os si forts chez les singes, et *qui ne se soudent*, chez ces animaux, entre eux et avec les maxillaires supérieurs, *que par l'ef-fet de l'âge.*

7° Os frontal proéminent.

8° Les maxillaires supérieurs et inférieurs situés en arrière de la bosse nasale par rapport à la perpendiculaire.

9º Les trois courbures de la colonne vertébrale décrites par Bichat et indiquées avec tant de perspicacité par M. Serres, *mais comme un caractère de l'unité de l'espèce; on n'en n'était encore qu'à l'unité de l'espèce.*

10º Les membres supérieurs plus courts que les membres inférieurs.

11º Tous bipèdes.

12º Le bassin moins large que les épaules.

13º Station principale, debout, fière, le regard au ciel, dans une continuelle observation.

14º Les ongles plats chez tous, tandis que chez les quadrumanes : 1º les ouistitis *les ont comprimés*, excepté ceux des pouces de derrière ; 2º les makis les ont plats, *excepté ceux des pouces de derrière, qui sont comprimés, pointus et relevés.*

15º Les dents incisives supérieures *tranchantes* chez tous les bimanes.

16º Les dents au nombre de *trente-deux* chez tous les bimanes.

Tandis que chez les quadrumanes *l'unité de dentition n'existe pas.*

D'ailleurs on ne découvre aucune unité de spécialité chez les quadrumanes ; c'est une progression *de spécialités très-différentes*, au lieu d'être une progression *de spécialités très-semblables.*

Car les petites différences qui existent réellement chez les hommes dans leurs caractères spéciaux, ont peu d'importance : nous voulons dire *que la progression des spécialités est bien marquée chez les hommes*, sans que ce fait nuise à l'unité de spécialité humaine.

Voilà pour les caractères spéciaux organiques.

CARACTÈRES SPÉCIAUX DE L'AME HUMAINE QUI SE DÉVELOPPENT DANS LE COURS DE L'EXISTENCE DES ESPÈCES HUMAINES.

Tous les hommes ont, à un égal point, les instincts et les sentiments répandus chez les divers animaux supérieurs, qui n'ont pas, eux, *la faculté de les raisonner*. L'intelligence et la raison appartiennent à tous les hommes; ils ont les mêmes mœurs de l'état sauvage à l'état civilisé; ils ont la même intuition instinctive, sentimentive et réflective.

Tous les hommes ont une intelligence égale sous les mêmes causes de développement. Ils jugent tous les faits de la même manière, et par la même opération de l'esprit et du cerveau.

Ils sont tous capables d'acquérir l'esprit philosophique pour arriver, par suite, à la perfection de l'esprit moral et légal absolu dans leurs espèces particulières.

Ils ont tous la parole, le discours, les gestes, l'enregistrement et l'expression physionomique de l'intelligence, des sentiments et des instincts.

Appelées par leur existence même, dans leur unité morale et physique, à partager les riches productions de la terre, le bonheur relatif actuel est un bonheur parfait (idéal quant à présent) dans un avenir éloigné; les espèces humaines sont égales dans la loi de leur genèse, elles doivent être égales devant les lois sociales et politiques humaines, quelle que soit l'espèce humaine qui les ait faites ou qui les fasse.

Elles découlent toutes du même principe originel et créateur (Adam ou humanité en Dieu), elles ont un même côté organique animal, qui dérive de leur incarnation semblable, simultanée, et produite dans les mêmes conditions spirituo-légales, afin qu'elles puissent jouir ensemble et se partager *les voluptés intellectuelles et matérielles.*

Elles se doivent donc réciproquement des protections sans limites.

Leurs disputes et leurs guerres sont des preuves, inscrites dans leur sang, *de leurs droits égaux devant la loi naturelle et devant les lois internationales.*

. Des causes de division, de climat, de séparation géologique, de bien-être relatif, d'organisation sociale insuffisante, de despotisme ou d'incurie, ont arrêté ou paralysé pour beaucoup de groupes d'hommes l'essor vers la civilisation.

Leur cerveau est constitué cependant pour conquérir ou recevoir l'intelligence de tous les faits physiques et de toutes les idées abstraites.

Leur langage peut se compliquer et s'étendre également, comme les conceptions physiques et abstraites.

Elles peuvent observer les lois relatives des sociétés politiques et morales, et être initiées aux arts et aux sciences.

Ces caractères physiques et moraux démontrent donc l'unité intellectuelle, morale et organique des espèces humaines.

Maintenant on connaît trop bien les caractères spécifiques de chaque espèce humaine pour que nous insistions ici sur ce sujet.

Nous dirons seulement que *la couleur de la peau, les dispositions des poils et des cheveux, certaines formes particulières et quelques autres propriétés physiques différentes chez chaque espèce humaine, constituent les caractères spécifiques particuliers à chacune.*

Les spécificités, caractérisées par les espèces, appartiennent au genre ancien des méthodistes, et maintenant forment la progression spécifique des espèces humaines.

Que les autres physiologistes travaillent les espèces humaines, les races pures et métisses, nous leur laissons cette besogne. Quant à nous, nous les avons appréciées, et plus tard nous les examinerons dans un écrit particulier si le temps nous le permet.

Réflexions.

Entouré de livres, de crânes et de têtes d'animaux sanglantes ou putrides, dont nous avons sondé les mystères, las de corps et fatigué d'esprit, nous rejetons au loin ces débris, pour nous désormais inutiles ou dangereux.

D'ailleurs nos efforts sont couronnés (1): *n'avons-nous pas*

(1) Les conséquences de la découverte de la loi naturelle de la genèse, qui exprime l'harmonie particulière et générale *dans le spiritualisme de la loi et le positivisme des nombres;* loi publiée dans notre *Morphologie*, deuxième partie, page 98; 1ᵉʳ juillet 1851, ont été :

1° La découverte des six propriétés de la genèse, savoir : la généralisation, la distribution, l'ordinalisation, la spécialisation, la spécification, la tonalisation; publiées le 22 mai 1862 dans notre livre de l'*Exposition de la loi divine d'harmonie;*

2° La découverte de la forme envisagée comme symbole des quantités constituantes; la découverte des équations animales, etc.;

3° L'établissement du cadre physiologique des six progressions générale, distributive, ordinale, spéciale, spécifique et tonique.

La conséquence de la découverte de la progression spéciale;

expliqué l'unité de spécialité des espèces humaines et leurs spécificités (1) différentes? N'avons-nous pas établi d'une manière indiscutable, la concordance des vues des physiologistes sur l'état d'unité et de pluralité de ces espèces?

Nous terminerons donc ce mémoire par un sage conseil qui sera écouté, parce qu'il est utile à tous.

Si l'on n'écarte pas des études scientifiques le méthodisme et les systèmes quels qu'ils soient, l'école française *restera dans les limbes de l'état fœtal* et dans la sujétion où elle se trouve, quant à ses principes encyclopédiques qui lui viennent de l'étranger.

Il ne suffit plus actuellement à la France savante et préparée, de porter plus longtemps le linceul de l'antique école égypto juive, ou de se tenir dans *l'immobilité païenne d'un méthodisme trompeur.*

Les idées vagues ont fait leur temps.

Toute question de croyance abusive et de système arbitraire doit s'effacer comme la chrysalide devant la loi naturelle qui vient au jour.

La vérité doit être recueillie dans tous les faits de la genèse, dussent s'écrouler les superstitions, les préjugés ou les fictions des hommes d'une autre époque.

publiée en 1853, page 104, ligne 19, de notre *Morphogénie*, a été :

1° La découverte de l'unité dans la spécialité pour les espèces humaines ;

2° Le rétablissement de la concorde entre les physiologistes ;

3° Les preuves physiologiques de l'unité et de la pluralité des *espèces humaines* après cent vingt-huit ans de débats scientifiques.

(1) La spécificité n'est autre que l'unité de l'espèce en elle-même, c'est-à-dire dans l'espèce. S'il y a plusieurs spécificités, il y a plusieurs espèces formant des unités particulières en elles-mêmes.

Malgré l'erreur : le vrai, le beau, l'utile, l'agréable, *le vrai moral, le spirituel en lui-même et en soi* seront découverts, divulgués et vulgarisés par la science, *qui deviendra absolue parce qu'elle est sainte comme l'esprit des lois de la nature, cette émanation sacrée* (1) *de Dieu dont elle provient.*

(1) Quand nous disons sacrée, nous voulons dire légale, c'est-à-dire dans la loi spirituelle inattaquable.

TABLE DES CHAPITRES.

PARIS. — IMPRIMERIE CENTRALE DE NAPOLÉON CHAIX ET Cⁱᵉ, RUE BERGÈRE, 20. — 9156.

www.ingramcontent.com/pod-product-compliance
Lightning Source LLC
Chambersburg PA
CBHW061246060726
47596CB00002B/458